5. 약국의 종합소득세

종합소득세 신고에 필요한 기본 원칙과 약국의 매출 및 비용 신고 과정을 다룹니다. 약국장의 차량을 경비처리하는 방법과 타인 명의 카드로 결제된 비용의 경비처리 가능성에 대해 설명합니다. 약국의 세금을 줄이는 소득공제와 세액감면, 세액공제 방법에 대한 정보를 제공합니다. 성실신고 확인제도와 관련된 지침을 포함하여, 약국 운영자가 종합소득세 신고를 정확하게 이해하고 준비할 수 있도록 돕습니다.

이 책을 통해, 약사님께서 약국을 경영함에 있어 오로지 약국에만 전념하실 수 있었으면 합니다. 약사님께서 때론 세무와 노무 규정들 사이에서 괴롭거나 막막하실 때, 그리고 약사님의 세무대리인이 당장 약사님의 궁금증을 해결해 줄 수 없을 때 저희가 준비한 이 책이 약사님에게 도움이 될 수 있었으면 합니다. 여러분의 약국이 단순한 의약품 판매의 장소를 넘어, 신뢰와 전문성, 그리고 따뜻함이 어우러진 사회의 중심이 될 수 있도록 도움을 드릴 수 있다면 저희는 더는 바랄 게 없습니다.

지금 이 순간부터, 이 책이 약국 경영의 모든 단계에서 약사님을 지원하고 안내해 드리도록 하겠습니다. 약국을 현재 운영 중이시거나, 곧 약국을 개국하려는 모든 약사님께 이 책을 바칩니다.

저자 일동 올림

한 권으로 끝내는

약국
세무

한 권으로 끝내는 **약국세무**

2024년 5월 14일 초판 발행
2025년 6월 25일 2판 발행

지 은 이 ㅣ **세무회계지킴**
발 행 인 ㅣ 이희태
발 행 처 ㅣ 삼일피더블유씨솔루션
등록번호 ㅣ 1995.6.26. 제3-633호
주   소 ㅣ 서울특별시 용산구 한강대로 273 용산빌딩 4층
전   화 ㅣ 02)3489-3100
팩   스 ㅣ 02)3489-3141
가   격 ㅣ 20,000원

ISBN 979-11-6784-415-6   03320

2025년도 최신정보를 모아 담은
✚ 세무회계지킴의 비법서

2025
개정판

한 권으로 끝내는

약국
세무

✚ 세무회계지킴

강민우 · 신희망 · 배성우 지음

SAMIL | 삼일인포마인

서 문

"인생은 살기 어렵다는데,
시가 이렇게 쉽게 쓰여지는 것은 부끄러운 일이다."

윤동주 시인의 〈쉽게 씌여진 시〉의 일부를 발췌하며 서문을 시작하려 합니다.

저희는 이 책을 집필하는 내내 부끄러움이라는 감정이 들었습니다. 지금도 약국에서 일어나고 있는 수많은 이슈들은 하루가 다르게 약사님들을 힘들게 하고 있는데, 저희 세무회계지킴은 그저 사무실에 앉아서 책을 쓰고 있다는 것이 약국의 고된 현실을 모두 반영하지 못하고 있는 건 아닌가라는 아쉬운 생각이 들었습니다. 주 6~7일씩 약국을 운영하며 아침부터 밤늦게까지 쉼 없이 밀려오는 환자들을 응대하는 약사님을 생각하면, 지금 저희가 누리고 있는 일상적인 의료보건 환경이 새삼 감사하게 느껴집니다.

이와 같은 약사님에 대한 감사함을 마음에 품고, 세무회계지킴은 약사님을 도울 수 있는 일이 무엇인가에 집중하기로 하였습니다. 다른 세무대리인이 아닌, 저희만이 할 수 있는 일이 무엇인지를 고민하였고, 그 결과물이 바로 이 책으로 탄생하게 되었습니다. 저희는 약사님들이 조제와 약국 경영에만 집중하실 수 있도록, 약국환경을 둘러싼 세무·인사·노무 규정을 쉽게 풀어서 설명하는 책을 집필하였습니다. 약국을 관리하고 환자분들을 응대하기에도 하루 24시간이 벅찬데, 약사님이 복잡한 법률의 미로 속에서 올바른 길을 찾아내는 건 쉽지 않은 여정이 될 것입니다. 그래서 저희가 준비한 이 책이, 바로 그 여정에서 약사님을 올바른 길로 안내하는 나침반이 되어드리고자 합니다.

이 책은 약국의 개국 초기 단계에서부터 시작하여, 일상적인 운영, 직원 관리, 그리고 폐업이나 양도와 같은 과정에 이르기까지 약국 운영의 전반에 걸쳐 필요한 세무와 노무의 모든 측면을 다룹니다. 처음에는 약국 개업 과정에서 마주치게 될 다양한 세무적 고려사항들을 안내하며, 여러분이 약국을 설립하는 데 필요한 세무 계획과 준비에 대해 다루었습니다. 뿐만 아니라, 약국 운영에 있어서 면세와 과세 매출의 구분, 경비 처리 방법, 그리고 세금을 절약할 수 있는 다양한 방법에 대해서도 상세히 다루어, 여러분이 보다 효과적으로 약국을 운영할 수 있도록 내용을 구성하였습니다. 이를 통해 약국의 개국부터 폐업까지 생애 주기 전반에 걸쳐 발생할 수 있는 세무 및 노무 이슈를 포괄적으로 다루었으며, 약사님들이 약국을 양도할 때에도 안정적으로 대비할 수 있도록 여러 가지 실무 사례 분석을 담았습니다.

본 책에서는 다음과 같은 내용을 다루며, 약사님의 약국을 성공으로 안내해 드리려 합니다.

1. 약국의 개국

이 문단에서는 약국 개업 과정에 필수적인 준비사항과 고려해야 할 요소들을 다룹니다. 개국 초기에 직면할 수 있는 법적·재무적 과제들에 대한 해결책을 제시하며, 세부적인 세무 계획과 준비 과정에 대해 설명합니다. 사업자 등록증의 발급부터 약국을 개업할 때 자금 조달하는 방법에 따른 세무 이슈, 공동개업할 때 고민해야 할 이슈, 약국부지를 임차 또는 매입할 때 알고 있어야 할 사항들에 대해 폭넓게 설명이 수록되어 있습니다.

2. 약국의 양수도 계약

약국 양수도와 관련된 핵심 주제인 포괄양수도 계약과 권리금에 대해 상세히 다룹니다. 포괄양수도 계약의 정의부터 시작해, 양수도 과정에서 주의해야 할 사항들을 명확하게 설명합니다. 약국의 권리금의 중요성과 그것을 책정하는 데 있어 고려해야 할 요소들에 대해서도 논의합니다. 권리금 신고 절차와 관련된 법적 요구사항에 대한 지침을 제공하며, 약국 양수도 시 발생할 수 있는 다양한 상황에 대해 사례를 들어가며 대비하는 방법을 제시합니다.

3. 직원의 인사관리

약국에서 직원을 채용하고 관리하는 데 필요한 근로기준법, 신고 및 제출해야 할 사항, 급여의 종류와 같은 핵심 주제들을 다룹니다. 특히, 세후 계약(순액지급방식)과 같은 독특한 급여 지급 방식에 대한 설명을 포함합니다. 직원 관리에 있어 법적 준수사항과 실제로 비용 절감이 가능한지에 대한 분석을 제공합니다. 또한 급여명세서의 작성과 관련된 정부 해석 및 가족을 고용할 때 주의해야 할 점들을 상세하게 설명합니다.

4. 약국의 부가가치세

약국 운영자가 알아야 할 부가가치세의 기본 원칙에서 시작해, 약국의 면세와 과세 사업의 구분, 부가가치세 신고·납부 시기 등을 포함합니다. 부가가치세법상 증빙의 의무 발행 및 수취에 대한 정보와 신고 시 면세·과세의 구분 방법에 대해 설명합니다. 개국 과정과 폐업 과정에서의 부가가치세 처리에 대한 실질적인 가이드라인을 제공하며, 약국 운영에 있어 부가가치세 관련 요구사항을 충족하는 방법에 대해 논합니다.

목차

PART **4** 약국의 부가가치세

PART **5** 약국의 종합소득세

PART 1

약국의 개국

약국의 개국

사업자등록증 발급

약국을 개설하는 과정은 막막하고 어려울 수 있다. 특히, 사업자등록증 발급부터 시작하여 약국 개설에 필요한 다양한 절차를 거치는 것은 시간과 노력이 많이 필요하다. 이 글에서는 약국 개설과 관련된 모든 과정에서 발생할 수 있는 이슈들을 단계별로 설명하려고 한다. 이 과정을 통해, 약사 님들은 개설 과정의 막막함과 어려움을 낮추어 성공적으로 약국을 개설할 수 있을 것이다.

1 사업자등록증 발급

약국 개설 전 준비해야 할 최우선은 사업자등록증을 발급받는 것이다. 모든 사업자는 사업을 시작할 때 반드시 사업자등록을 하여야 하며, 이를 통해 사업자는 세무관서에 납세자 현황을 등재하게 된다. 모든 사업자는 사업장마다 사업 개시일부터 20일 이내에 사업장 관할 세무서장에게 사업자등록을 신청하여야 하며, 신규로 사업을 시작하려는 사람은 사업 개시일 이전이라도 사업자등록을 신청할 수 있다.

[회계·세무 토막상식 – 사업장]

사업을 영위하기 위하여 필요한 인적·물적설비를 갖추고 계속하여 사업 또는 사무가 이루어지는 장소(사무소 또는 사업소를 포함)를 말한다. 사업을 행하는 장소를 말하며, 사업의 목적과 상관없이 사업활동을 행하는 일정한 장소를 말한다.

사업장은 부가가치세법에 있어서는 사업장 과세, 소득세법 및 법인세법에 있어서 비거주자 또는 외국법인의 국내사업장 등 납세의무의 성립, 신고, 납부 등에 있어 중요한 의미를 가진다.

- 약국사업자의 사업장: 약국의 소재지를 사업장으로 봄.
- 부동산임대사업자의 사업장: 해당 부동산의 등기부상 소재지를 사업장으로 봄.
  → 따라서 2개 이상의 부동산 소재지가 있는 부동산임대사업자는, 각 부동산 소재지마다 사업장으로 보아 사업자등록을 모두 신청해야 함.

관련 실무 사례

[질문사항] 저는 약국과 부동산임대업을 함께 운영하고 있습니다. 부동산임대업은 그 부동산 소재지마다 사업자등록증을 따로 내야 한다고 알고 있는데요. 이럴 경우, 각 부동산 소재지마다 따로 부가세 신고가 이뤄져야 하나요?

[답변] 네, 각 사업장마다 사업자등록번호가 따로 매겨지므로, 부동산 소재지별로 부가세 신고 역시 따로 이뤄져야 합니다.

만일 사업자등록을 하지 않는다면, 여러 가지 불이익이 발생한다.

- 미등록가산세 부과됨.
- 사업자등록 이전의 매입세액은 불공제됨.
- 부가세 신고를 누락할 시 무신고가산세, 납부지연가산세를 부담함.

① 부가가치세법상 미등록가산세가 부과될 수 있다. 미등록가산세란, 사업자가 사업을 개시한 날로부터 20일 이내에 사업자등록을 신청하지 않은 경우에 부과되며, 사업 개시일부터 등록을 신청한 날의 직전일까지의 공급가액의 합계액에 1%를 곱하여 계산된다.

② 매입세액이 불공제된다. 사업자등록을 신청하지 않으면 세금계산서가 발급될 수도 없으며, 사업자등록을 신청하기 전의 매입세액은 매출세액에서 공제받을 수 없다.

③ 사업자등록과 부가세 신고를 동시에 누락했다면, 무신고가산세 및 납부지연가산세를 부담하게 된다. 무신고가산세는 부가세 신고를 하지 않은 것에 대한 가산세이며, 당초 납부해야 할 세액의 20%만큼을 납부해야 한다. 또한 납부지연가산세는 일종의 이자비용 개념으로, 당초 납부해야 할 세액에 연 8.03%의 이율로 계산된 이자비용만큼을 납부해야 한다.

사업자등록증은 본인 또는 대리인이 세무서에 직접 접수하거나, 홈택스에서 신청 가능하다. 일반적으로 사업자등록증을 신청하면 영업일 기준 2일 이내 발급 가능하다. 사업자가 사업자등록을 하지 않는 경우에는 사업장 관할 세무서장이 조사하여 직권으로 등록할 수 있다.

2 사업자등록에 필요한 서류

- 임대차계약서 사본
- 약국장의 신분증
- 사업자등록 신청서
- 동업계약서(공동투자의 경우)
- 약국개설허가증
  ➡ 만일 개설 허가증 발급 전이라면, 사업계획서 등으로 대체될 수 있다.

사업자등록에 필요한 서류는 임대차계약서, 약국장의 신분증, 2인 이상 공동투자로 개국하는 경우 동업계약서(동업자의 신분증 포함), 약국개설 허가증이 필요하며, 개설등록증이 발급되기 전에 사업자등록증 발급을 원할 시에는 사업계획서가 필요하다.

약국은 허가업종에 속하므로, 아무나 약국을 열 수 없도록 하기 위해 보건소에서 개설허가증을 발급하고 있다. 당연히 약국 개설 자격이 있는 약사에게만 개설허가증이 발급되며, 개설허가증이 있는 약사에 한해서만 약국의 사업자등록증이 발급될 수 있다. 개설허가증은 약사가 보건소에 개설허가신청서를 제출할 시, 보건소 담당자의 실사를 통해 여러 사항을 확인한 뒤 발급되며 신청서 제출일로부터 통상 일주일 내외로 발급된다.

원칙적으로 약국개설허가증이 나와야만 사업자등록증 신청이 가능하지만, 여러 현실적인 이유로 인해 사업자등록증이 개설허가증 발행 전에 먼저 필요한 경우가 많다. 가장 대표적인 경우가 사업자 대출 실행을 위해 사업자등록증을 요청하는 경우이다. 임대차/매매계약서상 잔금을 치르기 위해서는 사업자 대출을 받아야 하고, 사업자 대출을 받기 위해서는 사업

4 자기자본으로 약국을 개설하는 경우

 소득으로 신고된 적 없는 대형 자금이 사용될 경우 세무서에서 자금출처에 대한 소명요청 서면조사가 실시될 수 있다.

자기자본으로 약국 자금을 조달하는 경우에는 개국시점 이전에 제약회사나 대학병원, 또는 근무약사로 근무하던 근로소득을 기반으로 하는 경우가 많다. 이러한 근로소득은 원천이 분명하기 때문에 특별히 문제될 소지는 적다.

다만 그러한 소득원천이 분명한 소득이 아닌 소득원천이 불분명한 대형자금이 자기자본에 유입되어 사용될 경우 세무서에서 자금출처에 대한 소명요청 서면조사가 실시될 수 있다. 이러한 서면조사에서 금융소득, 근로소득, 양도소득 등을 기본적으로 자신이 직접 취득하여 원천징수한 세목과 약국 개국일 이전 차입금내역, 전세금내역 등을 세목으로 증빙을 제출하면 되나, 만약 이러한 증빙을 제출하지 못하는 경우 모두 증여받은 것으로 정의되어 증여세가 과세될 수 있다.

다만 현실적으로 자금출처를 전액 입증하기는 쉽지 않으므로, 세법에서는 증빙 제출금액의 80% 이상만 입증하면 증여로 추정하지 않도록 하고 있다(취득가액 10억원 한도). 만일 취득금액이 10억원 이상이라면, 2억원을 제외한 나머지 취득금액에 대해서 자금출처를 소명해야 한다. 자금의 출처를 제시하지 못한 금액이 2억원이 넘는 경우에만 증여로 추정하므로, 재산 취득가액이 10억원 이상인 경우로서 자금출처를 제시하지 못한 금액이 2억원 미만인 경우 증여세를 추징하지 않는다.

자등록증을 제출해야만 한다. 그런데 원칙대로만 개국절차를 밟아가다 보면, 개설허가증이 발급되고 사업자등록증을 수령하는 시점은 이미 잔금 지급시기보다 한참 뒤인 경우가 많다. 이렇게 되면 잔금을 지급할 때 현금 유동성에 위기가 발생할 수 있다.

따라서 이러한 경우, 세무대리인에게 요청하여 사업자등록증을 먼저 발급받을 수도 있다. 부가가치세법상 허가업종의 사업자개설은 허가업종의 허가증이 첨부되어야 사업자등록증이 발급되는 것이 원칙이나, 사업개시 전 사업계획서 등을 제출 시 사업자등록증을 받을 수 있다. 개설허가증 대신 사업계획서로 사업자등록증을 발급할지는 전적으로 세무서 담당자의 재량에 달려 있다. 다만 일반적인 경우, 세무서 담당자들도 약국의 실정을 알고 있으므로 개설허가증을 나중에 전달받는 조건으로 사업자등록증을 발급해주곤 한다.

관련 실무 사례

〈사업자등록증과 개설허가증의 발급 스케줄이 엇갈리는 실무 사례〉

사업자등록증상 약국의 개업연월일은 약국의 예정 개국일을 의미하며, 실제 개국일과는 다를 수 있습니다. 특히 실무적으로는 실제 개국일자가 사업자등록증상 개업연월일보다 늦는 경우가 많습니다.

그런데 개업연월일은, 원칙적으로 임대차계약 시작일자보다 빠를 수 없습니다. 상식적으로 생각해도, 사업이 수행될 장소가 준비되지 않은 시점(임대계약개시 이전)부터 사업을 시작(개업연월일)했다고 세무서에서 공증하기는 어렵습니다. 특히나 약국처럼 장소에 영향을 많이 받는 사업은 더욱 그러합니다.

임대차계약 개시일은 통상 보증금의 잔금 지급일이며, 이를 사업자 대출을 통해 지급하려 한다면 금융기관은 사업자등록증을 요구해 옵니다. 일반적으로 금융기관은 사업자등록증상 개업연월일에 맞추어 대출을 실행하는 경우가 대부분입니다. 그렇다면 약국장님은 사업자등록증이 임대차계약 개시일보다 빨리 발행되어야만 성공적으로 대출을 받을 수 있습니다.

그런데 여기서, 사업자등록증을 발급받으려면 개설허가증이 필요하다는 문제가 발생합니다. 왜냐하면 개설허가증을 발급하기 위해선 보건소 담당자의 현장실사를 통과해야 하는데, 그러려면 약국의 인테리어 등 영업환경이 대부분 갖춰져야 하기 때문입니다. 이처럼 영업환경이 갖춰지는 시점은 통상적으로 잔금지급일의 2~3일 이전입니다. 이때 개설허가증을 신청한다면, 개설허가증이 발급되는 데 걸리는 기간(일주일 내외)과 사업자등록증이 발급되는 기간(2~4일)으로 인해 사업자등록증은 잔금지급일 이후에 발급됩니다. 그러면 자연히 사업자 대출을 통해 잔금을 지급할 수 없습니다. 사업자 대출에 필요한 필수서류인 사업자등록증이 잔금지급일 이전에 제출되지 못했기 때문입니다.

그래서 이럴 때에 개설허가증이 아닌 사업계획서로 사업자등록증을 신청해야 합니다. 담당자 재량에 따라 사업자등록증 발급 여부는 달라지지만, 통상적으로는 개설허가증을 나중에 전달받는 조건으로 사업자등록증을 발급해주곤 합니다. 그러면 이때 발급받은 사업자등록증을 금융기관에 제출하여 대출을 실행하면 됩니다.

약국 개설을 준비할 때에는 잔금 지급뿐 아니라 인테리어비용, 권리금 지급 등 큰 규모의 비용이 지출됩니다. 이를 모두 대출 없이 집행할 수 있다면 좋겠으나, 현실적으로는 사업자 대출이 필요한 경우가 대부분입니다. 따라서 대출을 통해 개국 초기 자금을 운용하고자 한다면, 대출금 수령 시점에 대해 금융기관과 협의할 필요가 있으며 또한 이에 발맞추어 사업자등록증 역시 세무서로부터 발급받아야 합니다.

3 그 외에 사업자등록 시 유의할 사항

위 사항들 외에 사업자등록증 신청 시 유의해야 할 사항은 다음과 같다.

① 약국의 상호(명칭)는 동일 보건소 관할 내에 동일한 명칭이 없다면 타지역과 동일한 약국 명칭으로 개설이 가능하다.

② 약국의 업태는 의약품소매업을 다루는 업종코드 523111로 하고, 당뇨 소모성 재료에 대한 청구를 위해 의료용기구소매업(업종코드 523120)을 함께 추가하도록 한다.

▶▶ 홈택스에서 고시하는 2025년 업종코드

세부업종	의약품 및 의료용품 소매업	의료용 기구 소매업
업종코드	523111	523120
업태명	도매 및 소매업	도매 및 소매업
중분류	소매업; 자동차 제외	소매업; 자동차 제외
세분류	의약품, 의료용 기구, 화장품 및 방향제 소매업	의약품, 의료용 기구, 화장품 및 방향제 소매업
적용범위	각종 의약품을 소매하는 산업활동을 말한다. 〈예시〉 약국	외과 및 정형외과용 기구 등 각종 의료용 기구를 소매하는 산업활동을 말한다.

③ 신축건물에 대한 상가 분양 및 자가 건물을 신축하여 약국을 개설하는 경우, 사업자등록 신청서에 자가에 표시하면 된다. 자가이므로 임대차 계약서는 제출되지 않는다.

④ 약국은 간이과세 배제업종으로 되어 있으므로 반드시 일반과세사업자로 사업자등록을 신청해야 한다. 약국이 일반과세자이므로, 약국을 운영하는 약사가 부동산임대업을 함께 운영할 시 부동산임대업 또한 일반과세자로 등록되어야 한다.

[회계·세무 토막상식 – 일반과세 vs 간이과세]

부가가치세법에서는 각 사업자가 세금을 적절하게 계산하고 납부할 수 있도록 일반과세자와 간이과세자라는 두 가지 과세 체계를 마련하였다.

일반과세자는 10%의 부가가치세율이 적용되며, 매출·매입에 대한 정확한 기록이 필요한 반면 과세대상 매입세액을 공제받을 수 있다. 반면에 간이과세자는 일반과세자 대비 낮은 부가세율을 부담하는 대신, 매입세액을 공제받을 수 없고, 세금신고절차가 간소화되어 있다.

간이과세자 제도는 연 매출액 4,800만원 미만의 소규모 사업자를 대상으로 한다. 이는 소규모 사업자의 세금 부담을 경감시키고, 세무 처리의 복잡성을 줄이기 위해 도입되었다.

보통의 경우 간이과세자가 일반과세자보다 세부담 측면에서 유리하다. 다만 특별한 이유가 있다면, 간이과세 적용대상 사업자도 일반과세자로 정정할 수 있다. 일반과세자는 연 매출규모가 줄어드는 등 특별한 사유가 없는 이상 간이과세자로 변경될 수 없다.

4 약국 개설절차 및 소요기간

약국은 허가업종으로 타업종에 비해 기본적으로 프로세스가 많은 단계가 필요하다.

1) 약국개설허가증의 신청(소요기간: 1~7일)

약국 개설등록신청서를 작성하고 신청사항 검토 후 결재받은 후 개설등록증이 발급된다. 이때 필요한 서류는 약국 개설등록신청서와 약사면허증이다. 확인사항은 수수료 및 면허세, 임대차계약서, 건축물관리대장이 포함되고 시설조사 확인사항에는 조제실 내 저온 보관 및 빛가림을 위한 시설, 개수대 확인, 조제에 필요한 기구, 마약류를 다른 의약품과 구별·저장하는 공간이 있는지가 포함된다. 일반적으로 인테리어 진행과정에서 보건소 담당자의 실사일정을 정하며, 최소 조제실과 수전시설 및 마약류에 대한 시건 장치 등 최소한의 요건이 구비된 시점에 실사일정을 정하는 것이 일반적이다.

2) 사업자등록증 발급(소요기간: 2~4일)

원칙적으로 사업자등록은 개설허가 이후 발급받아야 한다. 그러나 위에서 언급한 것처럼 먼저 사업자등록증을 발급할 수 있으며, 일반적으로 신청일로부터 2~4일 정도가 소요되므로, 해당 소요기간을 고려하여 신청하도록 한다.

3) 카드단말기 설치(소요기간: 1~7일)

약국 사업자는 신용카드 및 현금영수증 발행 가입 의무업에 해당하므로, 미가입 시 수입금액의 1%가 가산세로 부과될 수 있다. 따라서 사업자등록 이후 영업개시일에 맞춰 카드단말기를 사용할 수 있도록 신청해야 한다. 카드단말기 설치를 위해서는 사업자등록증이 첨부되어야 하며, 사업자등록증이 첨부되면 영업일 기준 1~7일 정도가 소요되므로, 특히 양수도 시점에서는 영업일자에 맞춰 설치가 될 수 있도록 일정을 조율하는 것이 필요하다.

4) 요양기관 신청(소요기간: 1~2일)

약국개설등록증과 사업자등록증을 준비하여 건강보험심사평가원 요양기관 등록 신청을 하면 임시 요양기관기호가 부여된다. 이후 건강보험공단에서 공인인증서를 발급받아 건강보험심사평가원에 지급계좌 신고를 마치면 초기개설 등록절차가 마무리된다.

5) 사업용 대출(소요기간: 7~21일)

일반적으로 전문직 대상으로 개국 대출을 진행하는 금융기관들이 있으며, 해당 기관에서 최소 5천만원에서 최대 3억원까지도 개국 시에는 신용으로 대출을 해주는 경우가 있다. 물론 해당 사업자 대출은 사업자등록증이 발급되어야 진행되며, 임대차보증금이나 권리금 등으로 인하여 자금이 필요한 경우 위에서 언급한 선사업자등록증 발급을 진행하는 것이 좋다. 일반적으로 개국사업자대상 전문가 대출의 경우 영업일 기준 3~7일 이상 걸리며, 신용보증재단을 통한 대출을 실행할 경우 신용보증재단 보증서를 발급받은 후에 일반금융기관에서 대출을 실행하기 때문에 최소 2~3주 이상의 시간을 고려하여야 한다.

- 모든 사업자는 사업 시작 시 반드시 사업자등록을 하며, 사업 개시일부터 20일 이내에 관할 세무서에 신청해야 한다.

- 사업자등록을 하지 않을 경우 부가가치세법상 미등록가산세, 매입세액불공제, 무신고가산세 및 납부지연가산세 등의 불이익이 발생한다.

- 사업자등록에 필요한 서류로는 임대차계약서, 약국장의 신분증, 동업계약서(해당 시), 약국개설허가증 등이 있다.

- 약국개설허가증이 발급되기 전이라면, 사업계획서 제출로 사전에 사업자등록증을 받을 수 있다. 이 경우 추후에 개설허가증을 세무서에 제출해야 한다.

- 사업자등록 시 유의해야 할 사항으로는 약국 상호의 중복 여부, 업태 및 업종 코드 설정(의약품소매업 523111 및 의료용기구소매업 523120), 건물 소유 형태에 따른 신고 방법, 간이과세자 배제 및 일반과세사업자 등록 필요성 등이 있다.

- 약국 개설절차는 약국개설허가증 신청부터 시작해, 사업자등록증 발급, 카드 단말기 설치, 요양기관 신청, 사업용 대출까지 다양한 단계를 포함한다.

- 각 단계는 특정 소요기간을 필요로 하며, 전반적인 프로세스는 보건소의 개설 허가증 발급, 세무서의 사업자등록, 금융기관의 대출 실행 등 여러 기관의 협력을 요구한다.

Chapter
2
사업용 계좌 신고

약국은 전문직 사업자로 세법상 복식부기 의무자로
사업용 계좌를 개설해야 하며 미개설 시 가산세 부과

약국은 전문직 사업자로 세법상 복식부기 의무자이다. 복식부기 의무자
는 사업용 계좌를 개설해야 하며, 미개설 시 가산세가 부과된다. 이번 장에

서는 사업용 계좌의 정의와 취지, 그리고 발급절차와 이를 이행하지 않았을 때의 불이익에 대해 알아보도록 한다.

1 사업용 계좌의 정의

사업용 계좌: 사업으로 벌어들인 수익의 입금과 사업을 운영하기 위해 지불하는 비용의 출금이 이뤄지는 공식 계좌이며, 다음의 요건을 모두 갖추어야 한다.

① 금융기관에 개설한 계좌일 것

② 사업에 관련되지 아니한 용도로 사용되지 아니할 것

사업용 계좌는 말 그대로 사업을 위한 용도로 사용되는 계좌로써, 사업으로 벌어들인 수익의 입금과 사업을 운영하기 위해 지불하는 비용의 출금이 이뤄지는 공식 계좌를 뜻한다. 다시 말하면, 금융기관·거래처와의 금전거래, 직원에 대한 인건비 지급, 임차료 지급·수취 등을 목적으로 사용되는 계좌이다.

일단 국세청에 사업용 계좌로 등록된 통장은 사업용으로만 사용해야 하며, 사업주 개인의 금전거래와 생활비 운영 등의 목적으로는 사용할 수 없다. 통상의 실무에서는, 사업자는 수입과 지출을 별도로 내부적으로 관리하기 위해 입금용 사업용 계좌와 출금용 사업용 계좌를 구분하여 사용하는 것이 편리하다. 사업용 계좌는 시중 일반 은행에서 개설 가능하고, 그 계좌의 목적에 따라 여러 계좌를 동시에 등록할 수도 있다.

2 사업용 계좌 신고제도의 취지

- 과세관청 입장: 세금 투명성을 증대하여 세금 회피나 탈세를 방지
- 사업자(약국장) 입장: 사업자 본인의 수입과 지출을 명확히 파악 가능
- 정부기관 입장: 세금수입의 예측 및 정책 수립에 도움

사업용 계좌 신고제도는 국세청이 사업자의 수입과 지출에 대한 투명한 기록을 확보하여, 탈세와 같은 불법 행위를 방지하고, 정부기관의 세수 관리 및 경제 운영의 효율성을 높이기 위해 마련된 제도이다. 사업자는 이 계좌를 통해 사업과 관련된 모든 금융 거래를 처리함으로써 세무신고의 정확성과 편의성을 제고할 수 있다.

① (과세관청)세금 투명성 증대: 사업용 계좌 신고제도는 사업자의 거래 내역을 보다 투명하게 관리할 수 있도록 하여 세금 회피나 탈세를 방지 한다. 이를 통해 세금 징수의 효율성을 높일 수 있다.

② (사업자)세무 관리의 효율성 제고: 사업자의 모든 거래가 사업용 계좌 를 통해 이루어짐으로써, 사업자 본인의 세무 관리가 용이하게 된다. 이를 통해 사업자는 자신의 수입과 지출을 명확하게 파악할 수 있으며, 세금신고 및 납부 과정을 간소화할 수 있다.

③ (정부기관)세수 확보 및 조세정책 수립 지원: 사업용 계좌 신고를 통해 국세청은 사업자의 실제 거래 내역을 정확하게 파악할 수 있게 된다. 이러한 정보는 정부기관이 보다 세금수입을 정확하게 예측하고, 시기 적절한 조세 정책을 수립하는 데 중요한 기초 자료로 활용된다.

3 사업용 계좌의 발급·신고 절차

은행에서 사업용 계좌를 발급받을 시 신분증과 사업자등록증을 지참하고 발급받으면 되며, 발급 후 세무서에서 사업용 계좌 신청서를 작성하여 신고하여야 한다. 홈택스에서도 개인인증을 통해 로그인한 경우 계좌등록이 가능하다. 사업용 계좌를 세무서에 신고해야 하는 기한은 최초 사업개시 후 사업 시작 연도의 다음해 6개월 이내이다. 즉, 2024년에 최초로 개국한 약사는, 2025년 6월 30일까지 사업용 계좌를 신고해야 한다.

사업용 계좌를 발급받을 시 은행에서는 실명확인과 사업자등록 확인을 요청한다. 또한 사업용 계좌는 사업장별로 개설해야 하므로 만약 부동산임대사업장이 있다면 별도로 사업용 계좌를 신고하여야 한다. 혹시 하나의 계좌를 2개 이상의 사업장에서 사용할 예정이라면 동일한 계좌를 사업장별로 각각 신고해야 한다. 일반적으로 사업용 계좌를 인터넷뱅킹으로 사용하려면 범용 공인인증서를 발급받는 것이 좋다.

관련 실무 사례

[질문사항] 은행에서 "사업용 통장"이라고 소개하는 상품이 있던데, 국세청에 신고할 사업용 계좌는 꼭 이 "사업용 통장"이라는 상품으로 개설해서 신고해야 하나요?

[답변] 아니요, 사업용 통장은 시중은행이 판매하는 금융상품 중 하나이며, 사업용 계좌는 사업용 통장뿐 아니라 사업자 명의의 어떤 계좌이든 상관없이 신고가 가능합니다. 다만, 사업용 통장으로 신고되면 사업과 관련되지 않은 용도로는 입·출금이 이루어져서는 안 됩니다.

4 사업용 계좌를 사용하지 않는 경우 불이익

사업용 계좌를 발급받지 않고 약국을 운영하였다고 해서, 해당 지출 등
이 비용으로 인정받지 않는 것은 아니다. 다만, 사업용 계좌를 사용하지
않는 경우 가산세 징수와 중소기업 특별세액 감면이 배제되는 등의 불이익
이 있어 주의가 필요하다.

기본적으로 사업용 계좌를 사용하지 않은 기간의 거래금액의 0.2%를
가산세로 부과하고, 사업용 계좌를 개설은 했으나 미신고한 경우 신고하지
않은 수입금액의 0.2%와 거래대금, 인건비, 임차료 합계액의 0.2% 중 큰
금액을 가산세로 부과한다. 이는 매입거래와 매출거래 모두에 대해서 적용
된다.

사업용 계좌 미신고 시 불이익

1. 가산세
   – 미사용 가산세: 사용하지 않은 금액의 0.2%
   – 미신고 가산세: (ㄱ), (ㄴ) 중에서 큰 금액
     (ㄱ) 신고하지 않은 기간의 수입금액의 0.2%
     (ㄴ) 거래대금/인건비/임차료 합계액의 0.2%
 	
 2. 중소기업 특별세액 등 감면 혜택 배제
   – 조세특례제한법 제128조 제4항에 나열된 감면 적용 불가

5 사업용 계좌의 변경신고

사업자는 여러 가지 이유로 과거에 사용했던 사업용 계좌를 변경하거나
추가할 수 있다. 이럴 경우, 그 사유가 발생한 해당 과세기간의 종합소득세
신고기한까지 계좌를 변경하거나 추가 신고할 수 있다. 일반적인 약국
사업자는 종합소득세 신고기한이 내년 5월 31일까지이며, 연 매출 15억원

이상의 성실신고확인대상 사업자의 경우에는 내년 6월 30일까지이다.

예를 들어, 2025년 1월에 약국을 개업하면서 사업용 계좌를 신고했고, 2025년에 다른 계좌를 사업용 계좌로 추가 개설했다면, 약국장은 2025년도에 대한 종합소득세 신고기한인 2026년 5월 31일까지 추가 계좌에 대해서 신고를 진행하면 된다. 사업용 계좌의 변경 신고는 최초 신고 때와 동일하게 세무서 방문 또는 홈택스(온라인)를 통해 진행하면 된다.

- 사업용 계좌는 사업으로 벌어들인 수익의 입금과 사업을 운영하기 위해 지불하는 비용의 출금이 이뤄지는 공식 계좌이다.

- 사업용 계좌는 금융기관에 개설되어야 하며, 사업과 관련되지 않은 용도로는 쓰이지 말아야 한다.

- 사업용 계좌 신고제도는 국세청이 사업자의 수입과 지출에 대한 투명한 기록을 확보하여 탈세와 같은 불법 행위를 방지하고, 정부기관의 세수 관리 및 경제 운영의 효율성을 높이기 위해 마련된 제도이다.

- 사업용 계좌는 세무서 또는 홈택스에서 등록할 수 있으며, 법적 등록기한은 약국의 최초 사업연도의 다음해 6개월 이내이다.

- 사업용 계좌를 사용하지 않을 경우, 아래의 두 가지 가산세와 중소기업 특별세액 감면 등의 혜택을 받을 수 없게 된다.

- 미사용가산세: 사업용 계좌를 사용하지 않은 거래 금액의 0.2%

- 미신고가산세: 신고하지 않은 기간의 수입금액 또는 거래대금, 인건비, 임차료 합계액의 0.2% 중 큰 금액

- 사업자는 사업용 계좌를 변경하거나 추가할 필요가 있을 때, 해당 과세기간의 종합소득세 신고기한까지 계좌 변경 또는 추가 신고를 할 수 있다.

개국에 필요한 자금조달 방법

약국은 신규 개국 시 인테리어비용, 임차보증금, 컨설팅수수료, 중개수수료 등 큰 자금이 필요하며, 양수도 역시 권리금으로 인해 일시적으로 자금이 크게 소요되는 경우가 있어 자금조달에 고민하여야 한다. 일반적으로 자금조달 방법은 아래와 같다.

1. 은행 등 금융기관 등을 통해 자금 차입

2. 지인(친인척 외 타인)으로부터 자금 차입

3. 부모님이나 형제자매 등으로부터 자금 증여·차입

4. 본인의 자기자본(근로소득 등)으로 자금을 조달하는 경우

1 금융기관 차입

가장 보편적으로 자금을 조달하는 방법이 은행 등으로부터 대출을 받는 금융기관 차입이다. 대출 규제가 심해지고 금리가 높기는 하지만 약사대출, 즉 팜론의 경우 타 대출 대비 한도가 높고 경비처리 역시 가능해 가장 보편적으로 이용하는 방법이다. 단, 신용점수와 소득 등 여러 가지 요인에 따라 대출 한도 및 금리가 다르게 적용된다.

이러한 금융기관 대출 시 약국장 본인명의로 대출을 받아야 하며, 차입금 약정서와 이자 지급명세서를 증빙으로 구비할 시 종합소득세 경비처리가 가능하다. 이자비용이 매달 나가는 만큼, 종합소득세가 동일 금액에 세율을 곱한만큼 절세된다고 생각하면 된다. 다만 이를 위해서는 차입금이 약국의 운영에 사용되었다는 입증이 필요하다. 약국의 운영에 합리적으로 사용되었다고 판단되는 이자비용에 대해서는 소득세법에서 전액 경비로 인정하고 있기 때문이다.

간혹 차입된 자금이 약국 운영에 쓰인 것이 아니라 개국 초기의 자본금으로 투입되었다는 것이 명확할 시, 이자비용이 경비로 인정되기 어렵다. 실무적으로 차입된 자금이 약국의 운영에 쓰였는지, 자본금으로 투입되었는지는 구분이 쉽지 않다. 특별한 예시로, 공동개국 시 차입을 할 때 동업약

정서에 차입금의 목적을 '자본금'으로 기재할 시 해당 자금에 대해 이자비용 인정이 어려울 수 있다. 그러므로 공동개국을 하고 금융기관 차입을 통해 자금을 조달하는 경우에는 동업약정서 작성에 유의해야 한다.

2 지인(친인척 외 타인)으로부터 자금 차입

- 금전소비대차계약서상 원금 및 변제방법과 시기 등 기재
- 이자 지급액의 27.5%의 소득세를 원천징수 해서 세무서에 신고·납부

지인이나 친구 등 가족이 아닌 외부인(타인)으로부터 자금을 조달하는 경우, 세무적으로 경비로 인정받기 위해서는 고려해야 할 사항이 있다.

첫 번째, 금전소비대차계약서를 명확하게 기재하여 실제 차입금임을 입증해야 한다. 계약서에는 원금 및 변제방법과 시기, 총차입금액, 이자율과 이자지급 시기 등을 명확하게 기재하여야 한다.

두 번째, 해당 이자를 지급할 때는 이자지급금액의 27.5%의 소득세를 원천징수 해서 세무서에 신고·납부해야 한다. 원천징수란, 소득이 발생할 때 소득을 지급하는 자(원천징수의무자)가 소득세를 미리 계산하여 신고·납부하는 제도를 말한다. 소득을 지급받는 자(수익자)는 해당 소득만큼 세금을 종합소득세로 내야 하는데, 이를 소득발생 시점에서 지급하는 자(원천징수의무자)가 특정 세율만큼 미리 징수하여 국세청에 납부하는 것이다. 여기서 개인 간 이자 대여로 인한 이자소득은 세법상 비영업대금의 이익으로 분류되며, 원천징수 세율이 27.5%(지방소득세 포함)에 달한다. 즉, 지인으로부터 이자를 차입할 시에는, 매월 이자비용을 지인에게 상환

할 때에 전체 상환액의 27.5%를 세무서에 납부하고, 나머지 72.5%만큼 지급하여야 한다. 해당 27.5%의 세금납부액은 지인(자금대여자)의 기납부세액으로 신고되어 추후 총 납부세액에서 차감된다.

[회계·세무 토막상식 - 원천징수제도]

소득이 발생하는 시점에서 소득을 지급하는 자(원천징수의무자)가 소득세를 미리 계산하여 해당 소득에 대한 세금을 징수하여 국세청에 납부하는 제도이다. 이 제도의 목적은 세금을 정확히 징수하고 세수를 안정적으로 확보하기 위함이다. 또한 소득이 발생하는 즉시 세금을 징수함으로써 납세자가 나중에 큰 금액의 세금을 일시에 납부하는 부담을 줄이고, 세무 관리의 효율성을 높이는 데에도 기여한다.

원천징수 대상 소득에는 근로소득, 이자소득, 배당소득, 사업소득, 연금소득 등 다양한 종류가 있으며, 각 소득의 특성에 따라 원천징수의 방법과 세율이 다르게 적용된다. 소득을 지급하는 자는 원천징수한 세금을 매월 일정 기한 내에 국세청에 납부해야 한다.

그런데 현실적으로, 이러한 세금신고·납부절차를 모두 성실히 이행하기란 쉽지 않다. 금전소비대차계약서 등의 형식을 갖추고, 실제 이자를 타인에게 지급한다고 해도, 세금을 신고하는 순간 대여자 입장에서는 높은 이자소득 원천세율(27.5%)에 더해 종합소득세에 이자소득이 가산되어 버린다. 이는 세법상으로는 당연한 절차이다. 하지만 실무상으로는 자금대여관계에서 자금대여자가 차입자에 비해 갑의 위치에 있는 경우가 많다. 그래서 자금차입자의 경비처리를 위해 자금대여자의 세금이 올라간다면, 자금대여자가 이를 용인하는 경우는 찾아보기 어렵다. 따라서 현실적으로, 약국장들은 세무적으로 해당 차입에 대해 신고를 누락하고 경비처리를 하지 않는 경우가 많다.

3 부모님, 형제자매 등으로부터 조달하는 경우

- 자금을 무상 양도로 증여하는 경우: 증여받는 달의 말일로부터 3개월 이내에 증여세 신고 필요
- 자금을 차입하는 경우: 계약서 및 이자지급내역 증빙 구비 필요

먼저 부모님 등에게 조달하는 경우, 해당 자금을 증여로 할 것인지 차입으로 할 것인지 판단이 필요하다. 큰 금액이 무상으로 이체된 경우 무신고시 세무조사의 대상이 될 수 있다.

자금의 무상 양도로 증여하는 경우 증여세를 납부하게 되고, 증여받는 달의 말일로부터 3개월 이내에 증여세 신고를 해야 한다. 증여세율은 과세표준이 1억원 이하일 때 10%, 1~5억원 이하일 경우 20%, 5~10억원 이하일 경우 30%, 10~30억원 이하일 경우 40%, 30억원 초과분은 50%이다. 이때 증여재산가액에서 증여재산공제를 하는데 배우자로부터 증여를 받을 때는 6억원, 부모님과 자녀로부터 증여를 받을 때는 5천만원(미성년자가 부모님으로부터 증여받는 경우에는 2천만원), 기타 친족으로부터 증여를 받을 경우에는 1천만원을 공제할 수 있다. 예를 들어, 부모님으로부터 약국 개국자금을 위해 3억원을 증여받은 경우 3억원 중 5천만원을 제외한 나머지 2억 5천만원에 대하여 증여세율을 적용하여 세금을 내는 것이다. 이 경우 증여세액은 1억원까지는 10%, 1억원 초과분부터 2.5억원까지는 20%가 적용되어 총 4천만원의 증여세가 계산된다.

과세표준	세율
1억원 이하	10%
1~5억원 이하	20%
5~10억원 이하	30%
10~30억원 이하	40%
30억원 초과	50%

만약 차입으로 하는 경우 계약서와 일정기간 이자의 지급 여부가 중요한 증빙이 된다. 구체적인 금전소비대차계약서에 대해 원금 및 변제방법과 시기, 총차입금액, 이자율과 이자지급 시기 등을 명확하게 기재해야 한다. 또한 해당 계약서에 대해 공증을 받아 두면 차입을 증명하기 유리할 수 있다.

만약 이자를 지급하지 않는 계약을 하거나, 낮은 이율로 이자를 차입하는 경우에도 세법상 증여로 볼 수 있다. 세법에서 정한 기준이자율은 연간 4.6%로, 부모님으로부터 차입할 시 4.6%에 미달하는 이자율에 대해서는 증여세를 부과할 수 있다. 이는 세법상 특수관계인(배우자, 6촌 이내 혈족, 3촌 이내 인척) 간의 거래에서 고의로 손해보는 계약을 통해 실질적으로 증여행위가 이루어지는 것을 막겠다는 취지이다.

또한 연간 이자금액 총액기준 1,000만원 미만에 대해서는 증여세를 과세하지 않는다. 따라서 차입 원금금액기준 약 2.17억원까지는 4.6% 기준이자금액이 1,000만원 미만이므로, 무이자로 차입을 하더라도 증여세는 없으나, 만약 원금이 약 2.17억원을 넘으면 4.6% 이상의 이자를 지급해야 하고, 그 이자 지급에 대한 지급조건이 연중에 한 번 이상 발생하도록 하는 것이 차입금 실질을 증빙하는데 유리하다.

- 금융기관 대출은 약국 개국 자금을 조달하는 가장 일반적인 방법으로, 이자비용은 종합소득세를 절세하는 데에 기여한다. 다만 이를 위해서는 차입금이 약국 운영에 사용된 것이 명확해야 하며, 자본금이 아닌 운영자금으로 사용되어야 한다.

- 타인으로부터 자금을 차입할 경우, 금전계약서 작성과 이자에 대한 원천징수 의무가 있다. 이자소득에 대해 27.5%의 세율로 원천징수 후 세무서에 신고·납부해야 한다.

- 가족으로부터 자금을 조달할 경우 증여와 차입 중 선택해야 하며, 각 조달전략에 따라 증여세 신고 또는 매 기간 이자지급이 요구된다. 특히, 정해진 기준이자율(4.6%) 이하로 차입할 경우 증여세가 부과될 수 있다.

- 자기자본으로 약국을 개설하는 경우, 자금출처에 대한 정확한 증빙이 필요하며, 증빙이 불충분할 경우 증여세가 과세될 수 있다. 하지만, 80% 이상의 자금출처를 증명할 수 있다면 증여로 추정되지 않는다(10억원 한도).

Chapter

4

공동개국 시 유의할 점

　약국의 운영 소유권 형태를 단독개업과 공동개업으로 나누어 볼 수 있다. 일반적으로 문전이나 대형 약국을 운영할 시 최초 자금이 많이 소요되는 경우가 많아 공동개국을 하는 경우가 많다. 이번 장에서는 공동개국의 형태와 단독개국 대비 공동개국 할 때의 유의할 점, 그리고 자본조달 방식에 대해서 알아보도록 한다.

1 공동개국의 형태와 유의점

이렇게 공동개국을 하는 경우 각 약국장은 서로 간의 이해관계를 명확하게 하기 위해 계약서를 구체적으로 작성해야 한다. 동업계약서에는 출자방법, 금액, 손익분배방법, 기타 특약 등을 기재하여야 한다. 출자금에 대한 대출은 이자비용이 경비 인정되지 않으므로, 출자금의 규모는 최소화하여 은행 차입금 이자비용을 경비로 인정받는 것이 약국장에게 유리하다. 또한 손익분배비율을 정해야 하며, 지분율로 정하는 것이 일반적이다.

동업 계약서
기재 내용

1. 출자 방법
2. 금액
3. 손익분배방법
4. 기타 특약

단독 사업장 → 높은 세율 적용 → 세부담 증가

공동 사업장 → 소득 분할로 낮은 세율 적용 → 세부담 감소

손익분배비율을 약정하고 해당 비율에 따라 소득을 각각 가져가게 하여, 분배소득을 기준으로 각각의 소득을 신고하게 된다. 따라서 단독 사업장일 경우 종합소득세 부담 시 누진세율로 인해 높은 세율이 적용되던 사업장이, 공동사업장일 경우 소득이 분할되어 높은 세율의 구간이 분산되어 낮은 세율을 적용하게 되어 세부담이 줄어 들 수 있다. 따라서 공동사업 구성 시 기여도에 따른 손익분배비율을 약정하여 정확하게 소득을 구분하여 소득을 신고하고, 그에 따른 4대보험과 비용처리를 한다면 세무상 누진세율을 낮추는 효과가 발생할 수 있다. 만약 공동사업장 구성 시 특수관계가 있는 경우, 동업계약서상 손익분배비율을 허위로 정한 정황이 적발된다면 손익분배비율이 가장 큰 공동사업자의 전체 소득금액으로 계산한다. 이럴 경우 거액의 세금추징이 동반하므로, 특수관계자 간 공동개국의 경우

에는 손익분배비율을 사실 그대로 기재해야 한다.

공동개업 시 세부담 측면에서 유리할 수 있으나, 4대보험의 납부 및 운영의 복잡성을 고려하면 공동개업이 쉽지 않을 수 있기에 종합적으로 검토해 볼 수 있다. 특히 특수관계자로 부부나 가족이 공동명의로 개업한 다면, 단독개업을 한 뒤 한 사람을 근무약사로 하여 경비를 지급하는 경우와 공동개업하는 경우를 비교하여 비용 지출관점에서 유불리를 검토할 필요가 있다.

2 공동개국의 자본조달

일반적으로 혼자서 자본을 조달하기 힘든 경우 공동개국을 하는 경우가 많다. 이러한 공동개국에서 유의점은, 자금 차입 시 공동사업자에 투자한 것으로 보기 때문에 해당 차입금이 출자금으로 인정되어, 차입금에 대한 이자비용의 경비처리가 어려워진다. 따라서 공동개국 시 계약서에 해당 차입금에 대한 계약서상 운영차입금에 대한 기재를 분명히 하여 이자비용을 인정받는 것이 중요하다.

동업계약서상에 출자금을 명확히 표시하고, 출자금을 최소하여 기재하며, 나머지는 운영자금으로 기재한다. 해당 계약서를 기반으로 사업자등록증 발급받은 후에 금융기관에서 차입하여, 운영자금임을 분명히 한다. 또한 실제 약국 운영 시 운영자금과 출자금으로 지출하는 항목을 지정하여 두 자금이 혼재되어 사용되지 않도록 한다. 이러한 과정을 통해 자금의 원천이 명확히 증명되며, 은행 차입금 이자비용을 온전히 경비로 인정받아 종합소득세를 줄이는 데에 기여하게 된다.

- 공동으로 약국을 개업할 때는 동업계약서를 통해 각 약국장의 출자 방법, 금액, 손익분배 방법 등을 명확히 정해야 한다.

- 손익분배비율은 지분율에 따라 정해지며, 공동사업으로 인한 소득 분할은 누진세율을 낮추어 세금 부담을 줄일 수 있다.

- 특수관계자 간 공동사업일 때에는, 손익분배비율이 허위로 기재된 것이 적발될 경우 세무서에서 이를 기초로 거액의 세금을 추징할 수 있다.

- 공동개업을 고려할 때, 복잡한 운영과 4대보험 납부 등을 고려해 종합적으로 검토해야 한다. 특히, 가족 등 특수관계자와의 공동개업은 단독개업 후 근무약사를 둔 경우와 비교하여 경비처리 측면에서의 유불리를 검토할 필요가 있다.

- 공동개국의 자본 조달에서는 차입금이 출자금으로 인정되지 않도록 운영자금과 출자금의 구분을 명확히 해야 한다. 이를 통해 금융기관 대출의 이자비용을 경비로 인정받아 종합소득세 부담을 줄일 수 있다.

Chapter
5
지출을 경비로 인정받는 방법: 적격증빙

약국은 소매업으로 각종 판매용 물품의 매입이 빈번하게 일어나고, 해당 상행위를 하기 위해 각종 부수 물품을 구입하게 된다. 이러한 약국 경영에서 발생하는 지출에 대해 경비처리를 적절하게 하여야 세무상 실소득금액을 감소시켜 소득세를 감소시킬 수 있다. 이를 위해서는 적격증빙이라는 소득세법상 증빙을 수취·보관하여야 하는데, 이번 장에서는 적격증빙에 대해 알아보도록 한다.

1 적격증빙의 정의

- 적격증빙: 비용을 경비로 인정받기 위해 필요한 증빙
- 적격증빙의 종류: ① 세금계산서, ② 계산서, ③ 현금영수증, ④ 신용카드 매출전표

대한민국 소득세법상 적격증빙은 사업자가 비용을 지출했을 때 그 비용을 경비로 인정받기 위해 필요한 증빙서류를 의미한다. 이러한 증빙서류는 비용의 지출이 실제 발생했음을 입증하고, 그 비용이 사업과 관련되어 지출된 것임을 증명한다. 소득세법에서는 적격증빙의 종류로 총 4가지를 열거하고 있으며, 이는 다음과 같다.

① 세금계산서: 부가가치세법에 따라 과세사업자로부터 재화 또는 용역을 공급받고 그 대가를 지급할 때 발급하는 증빙이다.

② 계산서: 세금계산서 발급이 면제되는 사업자(면세사업자)로부터 재화나 용역을 공급받고 그 대가를 지급할 때 발급받는 증빙이다. 세금계산서와 유사한 역할을 하며, 경비 증빙자료로 사용된다.

③ 현금영수증: 현금으로 거래가 이루어질 경우 발급받는 영수증으로, 현금거래를 통해 발생한 매출·매입액에 대한 증빙으로 사용된다.

④ 신용카드 매출전표: 신용카드로 거래가 이루어질 경우 발급되는 매출전표로, 신용카드 사용에 따른 매출·매입액 증빙으로 사용된다.

위에서 열거한 4가지 증빙 이외의 증빙(거래명세서, 간이영수증 등)은 적격증빙이 아니므로 온전히 비용으로 인정받기 어렵다.

적격증빙을 수취하지 않았다면?

- 종합소득세: 2%의 가산세를 부담한다면 비용처리 가능
- 부가가치세: 비용처리 불가능(가산세 또한 없음)

만약 적격증빙 이외의 증빙을 수취한 경우, 종합소득세에서는 가산세를 부담한다면 비용처리할 수 있다. 간이영수증으로 지출을 한 경우 세법상 적격증빙이 아니므로, 3만원을 초과하는 지출에 대해서는 지출금액의 2%에 해당하는 증명서류 수취 불성실가산세를 부담해야 한다. 만일 이 가산세를 부담한다면, 적격증빙을 수취하지 않았더라도 비용은 경비로 처리될 수 있다. 혹여 가산세가 부담되어 납부를 회피하려 한다면, 당연히 그 비용 역시 경비로 신고할 수 없게 된다.

또한 적격증빙 이외의 증빙을 수취한 경우, 부가가치세 신고에서는 매입세액으로 인정받을 수 없게 된다. 부가가치세에는 매입세액공제라는 제도가 있어서, 사업과 관련한 매입으로 지출한 부가세(매입세액)를 사업자가 납부해야 할 부가세에서 차감한다. 그런데 적격증빙이 없으면 매입세액을 인정받을 수 없고, 실제로 사업자가 지출했던 부가세도 인정받지 못한다. 소득세와 달리 가산세를 부담하더라도 비용으로 인정받을 수 있는 요건도 없다. 따라서 내지 않을 수 있는 금액을 부가세로 더 내야 하는 불상사가 발생하게 된다.

2 적격증빙의 보관

- 계산서 및 세금계산서: 간혹 종이로 수령할 시 보관 필요
- 카드 전표: 타인 명의 카드 사용 시 보관 필요

　약국에서 발생하는 각종 경비를 비용으로 인정받기 위해서는 각종 지출 증빙을 통해 증명하게 되며, 지출한 각종 증빙은 법적으로 5년간 보관하여야 한다. 약국을 운영 시 각종 비용 지출에 대한 증빙을 전자적, 또는 종이로 수령하게 된다. 다양한 증빙을 적절하게 보관해야 적격증빙으로 비용처리가 가능하다. 각 적격증빙별 보관 방법은 아래와 같다.

① 계산서 및 세금계산서: 계산서와 세금계산서는 전자세금계산서와 종이(수기)세금계산서가 있으며, 전자세금계산서의 경우 국세청 DB에 공유되어 세무대리인 및 발행인, 수취인이 언제든지 확인할 수 있으므로 따로 보관하지 않아도 된다. 최근 대다수 업종이 전자세금계산서 발행 의무업종으로 변경되었으나, 간혹 종이세금계산서로 수령하는 경우 해당 실물을 보관하여야 한다. 계산서의 경우 면세물품을 공급했을 때 발급되는 명세를 의미한다.

② 신용카드, 체크카드 전표: 카드전표의 경우 해당 카드들을 약국 사업목적으로 사용한 것을 의미한다. 원칙적으로 약국장 명의의 신용카드로 약국 관련 비용을 지출해야 하나, 가족명의 등을 사용하여도 사업용으로 목적 증빙 시 비용처리는 가능하다. 타인 명의 카드는 사업용 카드로 홈택스에서 등록이 되지 않으므로, 모든 목록 및 증빙을 세무대리인에게 제출해야 하므로 예외적으로 사용하는 것이 좋다.

현재 의약품 업계에서는 전문의약품, 일반의약품 등을 구매할 때, 세금계산서를 발급받은 뒤 결제를 신용카드로 하여 신용카드 전표까지 함께 발행되어 적격증빙이 중복으로 발행되는 경우가 많다. 이러한 경우 일반적으로 세무대리인은 세금계산서를 우선으로 적격증빙으로 비용처리를 하며, 신용카드 전표를 보조적 증빙으로 사용하게 된다. 따라서 신용카드 전표 및 구매내역을 상세하게 보관해야 할 증빙은 세금계산서가 발행되지 않는 인터넷으로 구입한 각종 비품, 부외품 등에 대해 보관이 필요하다. 특히 인터넷으로 구입 시 해당 업체의 결재대행사(PG사)의 이름으로 구매되거나, 플랫폼 이름(쿠팡, 지마켓 등)으로 카드명세에 기록되는 경우가 있어 구체적인 구매내역이 보이는 명세를 보관할 필요가 있다.

관련 실무 사례

[질문사항] 몇몇 온라인몰에서는 예치금 충전을 카드로 하고, 그 예치금으로 의약품을 결제할 때 세금계산서를 발급해줘요. 이럴 때에는 어떤 증빙을 보관해야 하나요?

[답변] 예치금의 경우 입금 시점에 실질적인 거래가 발생하는 것이 아니라 향후 약사님이 사용하시는 시점에 거래가 확정되므로, 예치금 사용시점(의약품 구매 시점)에 발급된 세금계산서를 보관하셔야 합니다.

---

③ 현금영수증: 물품 구매 시 현금으로 지출한 경우 판매하는 상대방이 발급하는 영수증으로, 사업자등록번호를 기재하여 받게 되는 지출증빙 영수증이다. 홈택스에 전화번호를 등록하였다면 주민등록번호 또는 전화번호로 소득공제용 현금영수증을 받을 수 있는데 이러한 경우도 동일하게 증빙으로 인정될 수 있다. 세무적으로 현금영수증과 신용카드 전표는 동일한 의미로, 현금영수증을 발급받았다면 국세청 DB에 사업자번호 또는 개인명의로 수집이 되므로 별도로 관리할 필요는 없다.

④ 그 외: 적격증빙은 아니나 세무상 경비처리를 위해 보관해야 하는 지출 증빙이 있다. 기부금 영수증의 경우 기부금 지출 당시 해당 단체에서 증빙으로 발행해주는 성격의 영수증으로, 해당 영수증은 보관하여 종합소득세 신고 시 세무대리인에게 전달하면 기부금공제에 적용 가능할 수 있다. 또한 경조사비 관련하여 청첩장 등도 지출증빙으로 보관한다면 기업업무추진비로 비용처리 가능하다. 그 외 각종 세금을 선납하는 원천징수영수증 등은 세무대리인이 상세 내역을 보관하고 있으므로 따로 보관하지 않아도 된다. 또한 카드나 세금계산서가 발행되면서 함께 제공되는 견적서나 지출영수증 등은 따로 보관하지 않아도 된다.

3 적격증빙이 없는 지출에 대한 처리

- 거래 건당 3만원 이하: 적격증빙 없이도 경비처리 가능
- 3만원 초과: 적격증빙 없을 시 2% 가산세 부담
  예외) 20만원 이하의 경조사비: 증빙 없이도 경비처리 가능

위에서 열거한 적격증빙을 수취하지 못하였다고 해서 무조건적으로 비용 자체가 인정되지 않는 것은 아니다. 다만 거래금액에 따라 가산세 등의 불이익이 적용될 수 있다.

먼저 거래 건당 3만원 이하의 경우에는, 적격증빙을 수취하지 않더라도 비용으로 인정받을 수 있다. 3만원 이하의 소액 지출에 대해 영수증이나 증빙서류를 매번 첨부하도록 요구하는 것은 실무적으로 번거로우며, 이로 인한 관리 부담이 과도할 수 있다. 이에 국세청에서는 3만원 이하의 거래에 한해 제한적으로 적격증빙 없이도 경비처리를 허용하는 것이다. 다만 간이영수증 등 적격증빙 외의 증빙을 필요 이상으로 대량 수취할 시, 적격

증빙 과소수취업체로 세무당국의 질의가 있을 수 있으니 주의해야 한다.

3만원 초과는 적격증빙을 갖추어야 경비처리가 가능하다. 만약 적격증빙을 갖추지 못했다면, 사업용으로 사용된 것이 명확하며 견적서나 지출명세서 등 적격증빙 외의 증빙을 제출했다는 전제하에 비용처리는 가능하다. 하지만 이 경우에는 거래금액의 2%의 가산세를 부담하게 된다.

20만원 이하의 경조사비는 기업업무추진비로 인정받을 수 있다. 현실적으로 경조사비 영수증을 요구할 수 없으므로 청첩장, 부고장 등 해당 행사(일시, 장소, 대상, 사유 등)가 나온 내역을 보관하면 20만원까지는 증빙 없이 기업업무추진비로 인정받을 수 있다.

관련 실무 사례

[질문사항] 경조사비는 20만원까지 비용처리가 된다고 하던데, 이번에 친구 결혼식에 30만원 지출한다면 10만원만 비용처리 안되는 건가요?

[답변] 아니요, 20만원까지 비용처리가 안되는 것은 맞지만, 20만원을 초과할 경우 전액 비용처리가 안됩니다. 즉, 21만원만 지출하더라도 21만원이 전부 비용처리가 불가능합니다. 그러므로 경조사에 지출하실 때에 이 내용 꼭 유념하시기 바랍니다.

또한 개인으로부터 중고물품을 구입하는 경우 등 적격증빙을 발급받기 어려운 경우, 거래사실을 입증할 만한 적격증빙 외의 구체적 증빙이 필요하다. 예를 들어 약국이 폐업하여 중고 ATC를 구입하는 경우를 들 수 있다. 이 경우에는 거래 상대방이 개인이므로 적격증빙을 발급받기 힘들 수 있다. 그럴 때에는 매입자 입장에서 거래의 실질을 증명할 수 있는 다른 증빙을 구비해야 한다. 예를 들어 대금 지급에 대한 계약서, 송금증, 운반 송장 등 거래 실질에 대한 증빙을 보관한다면 비용처리가 가능하다.

- 약국에서 발생한 비용을 경비로 처리하기 위해서는 적격증빙을 받아야 하며, 이는 ① 세금계산서, ② 계산서, ③ 현금영수증, ④ 신용카드매출전표로 구성된다.

- 만약 적격증빙 이외의 증빙(수기로 입력된 종이영수증 등)을 수취한 경우, 가산세를 부담해야만 경비로 처리할 수 있다. 가산세는 지출금액의 2%이다.

- 또한 적격증빙을 수취한 지출에 한정해서 부가가치세 신고에서 매입세액으로 인정받을 수 있다. 적격증빙이 없으면 매입세액으로 인정받지 못하고, 자연스레 부가가치세 납부금액도 증가한다.

- 적격증빙을 포함한 각종 증빙은 법적으로 5년간 보관하여야 하는데, 대부분의 증빙은 전자적 방식으로 발급·보관되고 있어 그 실물 증빙을 보관할 필요는 없다. 다만 종이로 발급된 세금계산서나 타인 명의 카드로 지출된 카드전표 등은 실물로 보관해야 한다.

- 적격증빙을 수취하지 못하였다고 하더라도, 거래 건당 3만원 이하의 지출은 가산세 없이 경비처리 가능하다. 또한 20만원 이하의 경조사비는 증빙 없이도 기업업무추진비로 경비처리 할 수 있다.

- 적격증빙을 발급받기 힘들 때에는, 거래의 실질을 증명할 수 있는 계약서, 송금증, 운반송장 등을 증빙으로 구비해야 한다.

무자료거래의 위험성

　약국은 기본적으로 소매업으로 많은 재화를 매입하게 된다. 이때 각종 제약회사나 부외품 업체로부터 무자료거래를 제안받는 경우가 있다. 일명 무자료거래(현금거래)라고 불리는 것으로, 이번 장에서는 무자료거래가 약국에게 가져올 영향과 실무상 발생사례, 그리고 대처방안에 대해 알아보 도록 한다.

1 무자료거래의 영향

『 무자료거래 』

아무런 증빙 없이 거래를 진행하는 것

부가가치세 및 종합소득세에서 비용으로
인정받지 못해 절세 측면에서 불리

보통 매출규모를 축소하여 신고하기를 원하는 사업자들이 증빙 없이 현금으로 거래를 진행하려고 한다. 통상적으로 무자료거래가 일반적인 거래(증빙수취 거래)에 비해 결제금액이 낮기는 하지만, 무자료거래를 하게 될 시 부가가치세에서 매입세액으로 비용처리도 되지 않고 또한 종합소득세에서도 비용으로 인정받지 못한다(거래명세서조차 받지 못하였을 때를 가정).

무자료거래를 하는 경우 매입이 누락되어 약국에 세무적으로 유리할 수 있다고 생각할 수도 있지만, 실제는 그러한 매입 누락이 세금 절세효과로 가져오기는 어렵다. 무자료거래로 진행할 시 매입에 대한 비용처리가 누락되고, 그만큼 소득세 부담은 더 커지게 된다. 따라서 거래마진에서 세금부담액을 차감한 실제 마진이 도리어 감소하게 되는 역효과가 발생한다. 이를 아래 사례를 통해 알아보자.

〈사례〉4,000,000원짜리 의약외품을 무자료로 구입하여 6,000,000원에 신용카드로 판매하는 경우(소득세율은 약 30%라고 가정)

구분		정상거래 시	무자료거래 시
판매 마진	판매가	6,000,000원	6,000,000원
	매입가	4,000,000원	-
	소득세 계산 마진	2,000,000원	6,000,000원
소득세 부담액(30%)		2,000,000 x 30% = 600,000원	6,000,000 x 30% = 1,800,000원
실제 마진		2,000,000원	2,000,000원
소득세 차감 후 실제 마진		2,000,000원-600,000원 = 1,400,000원	2,000,000원-1,800,000원 = 200,000원

만약 도매상이나 제약회사가 무자료거래를 하여 세무조사의 대상이 된 경우, 그 거래 상대방인 약국도 함께 조사대상으로 지정될 수 있다. 그러므로 약국은 항상 무자료거래를 하는 것을 지양해야 한다.

2 개국 시 발생할 수 있는 무자료거래 사례

약국을 신규 개국 시 인테리어비용, 컨설팅수수료, 중개수수료, 권리금, 각종 비품 거래 등이 발생하게 된다. 이때 거래 상대방이 세금계산서를 발행하면 10%를 추가 지급해야 한다는 조건을 제시하게 된다. 달리 말하면 10%를 지급하지 않으면 세금계산서를 발행하지 않고, 무자료거래로 신고하지 않겠다는 거래 조건인 것이다.

예를 들어 컨설팅수수료를 무신고기준 3,000만원을 지급한 경우, 세금계산서 발행 시 3,300만원을 요구하였을 경우를 비교해보면, 당장 300만원의 지급이 부담이 될 수 있다. 그러나 해당 사례에서 최소 평균 실효 종합소득세율을 20%라 가정하고, 약국 전체 과세·면세 비율 중 면세비율이 80%라고 가정한다면, 실제로는 추가 부담하는 부가가치세 300만원 중 과세비율 20%인 60만원은 부가가치세 환급이 될 것이며, 나머지 총액 3,240만원은 수수료 비용으로 비용처리가 되어 3,240만원의 20%인 648 만원이 세액을 감소시키는 효과를 발생시킨다. 결국 무자료 3,000만원 지급 시 현금 3,000만원이 지출되지만, 3,300만원을 지출하여 세금계산 서를 발행한 경우 3,300만원에서 60만원과 648만원을 제한 2,592만원의 순 현금유출이 발생하게 된다. 해당 사례와 달리 실무적으로 비용처리의 증가로 4대보험이 감소되는 부분도 있으며, 약국의 소득이 높아 실효소득 세율이 20~40%대까지임을 고려하면 10%를 더 부담하더라도 무조건적 으로 신고하는 사례가 유리할 수밖에 없다.

또한 이러한 무자료거래에서 인테리어나 컨설팅수수료를 무자료로 신 고하자는 거래 상대방은 매출을 누락하게 되는 것이므로 종합소득세나 법인세 및 부가세를 신고 누락하는 것이다. 만약 이 거래 상대방이 세무조 사의 대상이 되었을 경우 세금계산서를 미수취한 대상도 가산세 대상이 될 수 있어 약국장 입장에서 세무적인 리스크를 가지고 거래를 하게 되는 것이다.

3 매입자발행 세금계산서

이처럼 매출처(판매자)가 세금계산서를 제대로 발급해주지 않을 때, 매 입처(약국)가 직접 세금계산서를 신청·발급하는 제도인 매입자발행 세금 계산서 제도를 활용할 수 있다. 참고로 세금계산서뿐만 아니라, 면세 재화· 용역을 공급받고 계산서를 받지 못했을 경우에도 매입자가 직접 계산서를 발행할 수 있다.

만약 개국 시 인테리어업자나 컨설팅업체에서 인테리어비나 컨설팅수수료에 대하여 부가가치세 10%를 추가 지급한다고 해도, 세금신고를 거부하는 경우 매입자발행 세금계산서를 통해 매입하는 측(약국)에서 세금계산서를 발행할 수 있다. 단, 공급대가 10만원 이상인 거래이며 상대방이 폐업하거나 휴업이 아닌 상태만 해당한다.

『매입자발행 세금계산서 제도 활용』

세금계산서뿐만 아니라 면세 재화·용역을 공급받고
계산서를 받지 못했을 경우에도 매입자가 직접 계산서 발행 가능

매입자발행 세금계산서 제도의 경우 해당 공급 시기가 속하는 과세기간의 종료일로부터 6개월 이내에 세무서에 신청할 수 있으며, 이러한 경우 거래증빙이 필요하고, 거래명세서, 영수증, 계약서, 이체확인증 등의 증빙서류를 첨부하여 거래 사실 확인 신청서를 신청하게 된다. 만약 컨설팅수수료 지급시점이 5월 2일이었다고 하면 1기 과세 기간 종료일 6월 30일로부터 6개월 이내에 관할 세무서에 신청하면 된다. 관할 세무서에서는 공급자의 관할 세무서로 해당 내역을 통지하고 신청일의 다음 달 말일까지 해당 업무 처리 여부를 통지해야 한다. 담당 세무서로부터 거래확인 통지를 받으면 세금계산서를 발행한 것으로 보고 부가가치세 공제와 비용처리가 가능해진다.

다만, 위와 같은 매입자발행 세금계산서는 최종적으로 거래 상대방에게 세금계산서를 발행하게 되고 공급자의 소득에 가산되게 된다. 결국 국세청에서는 공급자(인테리어업자, 컨설팅업자 등)의 매출누락에 대한 세금 추징과 가산세를 부담시키게 될 가능성이 높다. 이러한 경우 서로 구두로 부가가치세 부담없이 세금계산서를 발급하지 않도록 합의된 상태에서 약

국에서 뒤늦게 매입자발행 세금계산서를 발행하여 분쟁의 소지가 있을 수 있다. 매입자발행 세금계산서가 세무적으로는 문제가 없고, 명확한 거래를 하는 것이나, 서로 간의 갈등이 있을 수 있으므로 사전에 이 부분에 대해 명확히 협의 후 거래를 진행하는 것이 좋다.

📖✔ 요약

- 무자료거래는 아무런 적격증빙을 발행하지 않고 현금을 주고받는 거래를 의미한다.

- 이는 매출규모를 축소하려는 사업자에 의해 요청되는 경우가 많으며, 매입자는 비록 결제금액이 적을지라도 세무상의 불이익을 초래할 수 있다.

- 무자료거래 시 매입자는 매입 비용을 인정받지 못하기 때문에 소득세가 도리어 증가하며, 이로 인해 실제 마진은 감소한다.

- 개국 시, 인테리어비용이나 컨설팅수수료 같은 초기 비용이 발생할 때 무자료거래를 제안받는 경우가 있다.

- 세금계산서를 발행받으면 초기 비용이 10% 증가하지만, 세금신고 시 부가가치세 환급과 비용처리를 통해 실제 현금유출이 감소하며, 이는 장기적으로 세무적 이점을 제공한다.

- 매출처(판매자)가 세금계산서를 제대로 발급해주지 않을 때, 매입처(약국)가 직접 세금계산서를 신청·발급하는 제도인 매입자발행 세금계산서 제도를 활용할 수 있다.

- 이 제도를 활용하면, 매입자는 거래 증빙을 첨부하여 세무서에 신청할 수 있으며, 부가가치세 매입세액공제와 종합소득세 비용처리가 가능하다.

- 무자료거래는 세무적인 리스크와 분쟁의 소지가 있으므로, 세무적으로 정당한 거래 방법을 선택하고 거래 전에 모든 조건을 명확히 협의하는 것이 중요하다.

약국 임대차계약 시 유의사항

　약국을 개국할 때에는 대부분 약국 부지에 대한 임대차계약을 하게 된다. 다만 약사를 포함한 대다수의 개인사업자들은 임대차계약에 익숙하지 않은 경우가 많다. 그렇다 보니 임대차계약에 대해서는 중개업체나 컨설팅 업체에 의존하는 경우가 많은데, 따져보면 임대차계약도 그리 어렵지 않다. 이번 장에서는 임대차계약 시 유의해야 할 대표적인 사항들에 대해 알아보도록 한다.

1 계약 이전 확인해야 할 사항

> 1. 토지대장: 토지 및 임차 건물의 소재지 일치 여부 확인
>
> 2. 건축물대장: 임차상 건축 지번과 건축물대장상의 지번 일치 여부 확인 및 건축물의 허가사항이 일반적인 근린생활시설 여부 확인
>
> 3. 등기부등본: 소유주 확인 및 저당권 설정 여부 확인
>
> 4. 상가임대차보호법 적용 여부: 환산보증금을 계산하여 지역별 상가임대차보호법 적용 여부 확인
>
>   → 환산보증금 = 보증금 + (월세 × 100)

먼저 토지대장을 확인해야 한다. 토지대장에 기재된 토지의 소재지와 지번이 임차하려는 건물의 소재지와 일치하는지 확인해야 하며, 토지대장은 정부24 홈페이지에서 확인할 수 있다.

두 번째로 건축물대장을 확인해야 한다. 임차상의 건축 지번과 건축물대장상 지번의 일치 여부를 확인한 뒤, 해당 건축물의 허가사항이 일반적인 근린생활시설인지 여부를 확인할 필요가 있다. 또한 건축물대장상의 소유자가 등기부등본상의 소유주와 일치하는지 확인이 필요하다. 건축물대장 또한 정부24 홈페이지에서 확인할 수 있다.

세 번째로 등기부등본을 확인해야 한다. 등기부등본상의 소유주를 확인해보고 해당 토지나 건물에 각종 저당권 설정 여부 등을 확인하여 실제 해당 건물이 경매 처분 등이 되었을 때, 보증금의 회수가능성을 검토해볼 수 있다. 등기부등본은 인터넷 등기소에서 열람 또는 발급받을 수 있다.

마지막으로 해당 건물이 상가임대차보호법의 대상인지 확인해야 한다. 임대차보호법이 적용되면 대항력, 우선변제권, 계약갱신청구권, 임차료나

보증금 증액의 제한, 권리금의 회수기회 보호, 차임연체와 해지 등의 권리가 생긴다. 다만 모든 상가가 대상이 되지 않고, 지역별 환산보증금에 따라 그 대상이 된다. 환산보증금이란, 보증금에 월세의 100을 곱한 금액을 합한 총액을 말하는 것으로 각 지역별 환산보증금의 기준이 다르다. 예를 들어 2019년 4월 이후 기준으로 서울특별시의 환산보증금의 기준은 9억원이며, 부산광역시의 환산보증금은 6.9억원이다. 지역별 기준금액 미만으로 환산보증금이 계산되는 상가에는 상가임대차보호법이 적용된다. 따라서 보증금 1억원에 월세 900만원의 서울특별시 강남구의 한 약국의 경우 월세 900만원 곱하기 100에 보증금 1억원을 더하여 총 10억원의 환산보증금이 계산되므로, 상가임대차보호법의 대상이 되지 않는다. 만약 검토 후 상가임대차보호법의 대상이라면 계약 후 해당 상가 소재지의 관할 세무서에서 확정일자를 받으면 된다. 이때 필요한 서류로는, 임대차계약서 원본과 상가건물 도면을 제출해야 한다.

2 계약서를 작성하며 확인해야 할 사항

1. 임대인의 간이과세자 여부 확인: 간이과세자라면 매입세액공제 불가
2. 임대인이 공동명의자인 경우: 계약서에 공동명의인 모두의 서명과 날인 필요
3. 전대차 계약의 경우: 본 건물주와 임대인 간의 전대동의서 필요
4. 임대인이 병원 또는 의료기관인 경우: 약사법에 따라 개설등록 거부

계약 전에 건물주(임대인)가 일반과세자인지 간이과세자인지 확인해야 한다. 건물주가 연간 매출액이 4,800만원에 미치지 못하는 부동산임대업자라면 간이과세자일 수 있다. 일반과세자라면 세금계산서 발행이 가능하여 부가가치세 환급이 가능하나, 만약 간이과세자라면 세금계산서를 발행

하지 못하기에 임차료에 대한 매입세액공제가 어려울 수 있다.

만약 임대인이 2명 이상의 공동명의자인 경우, 임대인 기재란에 공동명의인을 모두 기록해야 하며 해당 공동명의인 모두의 서명과 날인이 필요하다. 다만 공동명의이지만 사업자등록증상 대표자가 일부만 등록 시, 사업자등록증상 대표만 기재해도 된다.

전대차 계약의 경우 사업자등록 시 본 건물주와 임대인 간의 전대동의서가 필요하므로, 별도로 동의서를 받거나 임대차계약서 내에 본 건물주의 전대동의사항을 기재하도록 한다. 상가 분양하는 신축 건물 중에서는 신탁등기가 되어 있어 그 관리주체가 임대차계약을 맺는 경우가 있다. 이러한 경우 전전대와 마찬가지로 실제 소유주의 신탁회사 동의서가 필요하므로, 동의서를 받아야 한다.

마지막으로 임대인이 병원 또는 의료기관, 또는 그와 특수관계자인 경우 약국 개설 허가에 대해 고민을 해봐야 한다. 약사법상 병원이 건물의 소유주인 경우, 약사법 제20조에 따라 의료기관의 시설 또는 부지 일부를 분할, 변경 또는 개수해 약국을 개설할 시 개설등록이 불가능하도록 되어 있다. 의료기관이 소유한 건물에 임차인이 약국이 될 경우 지역 보건소에서는 해당 약사법 조항을 들어 개설등록을 거부하고 있다. 실무상 많은 의료기관이 건물을 신축하여 약국을 유치하고 있고, 많은 컨설팅업체에서 이를 약국자리로 마케팅하고 있으나 약사법에 대해 면밀히 검토하지 않고 임대차계약을 하였다가 개설등록이 거부되는 경우가 발생하니, 사전적으로 임대인과 약국의 관계가 약사법을 위반하지 않는지에 대해 면밀히 검토해 보고 진행하여야 한다.

- 약국 임대차계약은 중요한 단계이며, 이 과정에는 몇 가지 중요한 확인 사항이 있다.

① 토지대장과 건축물대장을 통해 소재지와 지번이 일치하는지, 근린생활시설인지 여부를 확인한다.

② 건축물대장과 등기부등본을 대조하여 소유자 정보가 일치하는지를 확인하고, 등기부등본을 통해 임대 부동산의 저당권 설정 여부를 확인한다.

③ 환산보증금을 계산하여 상가임대차보호법 적용 대상인지를 확인한다.

➡ 환산보증금 = 보증금 + (월세 × 100)

④ 계약서 작성 시, 임대인이 일반과세자인지 간이과세자인지 확인하여 부가가치세 매입세액공제 여부를 확인한다.

⑤ 임대인이 공동명의인 경우 모든 공동명의인의 동의가 필요하다.

⑥ 전대차 계약일 경우 전대동의서를 미리 받거나 계약서 내에 진대동의사항을 기재해야 한다.

⑦ 약국을 개설할 임대 공간이 병원이나 의료기관 소유인 경우 약사법에 따라 약국개설등록에 제한이 있으니 면밀히 검토해야 한다.

약국 건물을 매입할 때: 명의를 누구로 해야 할까?

약국 개국 시 임대차계약을 통해 개설할 수도 있으나, 상가 분양을 받거나 경매를 통해 취득, 또는 건물을 양수받거나 신축하여 약국 개설을 진행할 수도 있다. 이럴 때 약국 건물을 약국장 본인 명의로 하는 것과 배우자 명의로 하는 것, 또는 공동명의로 하는 것에 따라 세금효과가 달라지게 된다. 이번 장에서는 직접 부동산을 구매하여 약국 개설할 때 명의를 어떻게 정하는지에 따라 달라지는 세금효과에 대해서 알아보도록 한다.

1 약국장이 본인명의로 부동산을 구매하는 경우

- 부동산 취득 시 지급한 부가가치세의 일부(과세매출 비율)만 환급 가능
- 부동산 취득금액은 감가상각비를 통해 경비처리 가능

먼저 건물가액에 대하여 20~40년으로 감가상각을 통해 비용처리가 가능하므로, 약국 운영 중 건물투자비용으로 인한 절세효과가 꾸준히 발생한다. 다만 만약 중도 건물을 양도 시 감가상각한 부분은 양도소득세에 대해 경비로 포함되지 않아 양도소득세로 추후 종합소득세에 합산되어 부과될 수 있다. 또한 부가가치세 측면에서는 건물에 대한 부가가치세는 약국의 전체 매출 중 조제매출을 제외한 과세 매출 비중에 따라 일부만 환급되어 불리할 수 있다.

2 약국장이 배우자 명의로 부동산을 구매하는 경우

- 부동산 취득 시 지급한 부가가치세의 전액 환급 가능
- 매월 임차료를 경비처리 가능
- 임차료의 규모와 배우자의 소득수준에 따라 절세효과가 발생할 수 있음.
- 임차료의 부가가치세는 일부(과세매출 비율)만 환급 가능

먼저 배우자 간에는 10년간 6억원까지는 증여세 문제가 발생하지 않는다. 따라서 배우자의 명의로 건물을 구입하기 위해 금전이 배우자에게 이전될 시, 배우자의 소득금액과 금융기관차입금과 함께 자금흐름을 고려해야 한다. 또한 약국 임차료 측정 시 주변 상가 시세와 유사하게 측정하여야 추후 증여추정의 문제가 없다. 배우자가 측정한 임차료를 약국은 비용

처리가 가능하므로 종합소득세 절세효과가 있고, 배우자는 해당 건물을 감가상각하여 임대소득에 대해 비용처리가 가능하다. 이러한 경우 배우자가 타소득이 없어 종합소득세율이 낮아야 유리한 부분이다. 부가가치세 측면에서는 배우자는 임대료에 대해 부가가치세를 납부하지만, 약국 입장에서는 임차료에 대해 약국 매출 중 조제매출을 제외한 과세 매출 비중에 따라 부가가치세를 환급받게 된다.

3 약국장이 부부간 공동명의로 구매하는 경우

- 공동사업자가 각자 지분비율에 따라 임대료를 수입으로 인식하고, 약국은 임차료를 비용으로 처리한다.
- 부가가치세와 종합소득세 절세효과는 배우자 명의로 구매한 경우와 대부분 동일하다.
- 추후 건물양도 시 양도소득금액이 분산되므로 절세에 유리하다.

위에서 설명한 배우자 간의 증여문제는 공동명의 시에도 동일하게 발생하므로 자금흐름을 고려하여 세금 문제가 발생하지 않도록 해야 한다. 공동명의일 경우 공동사업자가 임대료 각자 지분비율에 따라 수입으로 인식하고, 약국은 임차료를 비용으로 처리하게 된다. 따라서 각자 공동지분비율로 임대 소득을 분산하므로 절세에 유리할 수 있고, 추후 건물양도 시에 양도소득금액도 분산되므로 절세에 유리할 수 있다. 부가가치세 측면에서는 공동사업자는 임대료에 대해 부가가치세를 납부하지만, 약국 입장에서는 임차료에 대해 약국 매출 중 조제매출을 제외한 과세 매출 비중에 따라 부가가치세를 환급받게 된다.

- 약국장 명의로 부동산을 구매 시 건물가액을 장기간에 걸쳐 감가상각하며 절세할 수 있지만, 부가가치세 환급은 과세 매출 비중에 따라 제한적이다.

- 배우자 명의로 구입할 경우 6억원까지 증여세 문제가 없다.

- 배우자 명의 건물에서 임차 시 약국은 임차료를 경비처리할 수 있고, 배우자는 건물에 대해 감가상각비로 경비처리할 수 있어 절세효과가 있다.

- 이 경우 약국 임차료 측정 시 주변 상가 시세와 유사하게 측정하여야 추후 증여추정의 문제가 없다.

- 부부 공동명의로 구매하는 경우 임대료 수입과 양도소득금액을 분산시켜 절세효과를 누릴 수 있다.

PART 2

약국의 양수도 계약

약국의 양수도 계약

약국의 양수도 방식: 포괄양수도란?

약국은 타업종에 비해 입지의 위치에 따라 수익성이 극단적으로 차이가 날 수 있는 업종이다. 따라서 입지에 따라 그 권리금의 금액도 크게 차이가 나며, 양수도도 빈번하게 일어나게 된다. 일반적으로 신규 개국의 경우 병원과 함께 개국을 한다고 해도 처방건수나 매약매출에 대한 영업적 불안 감이 있다. 그 반면 기존 약국을 인수하는 경우, 그 영업권이 크게 변화가 없어 안정적으로 영업이 가능하기에 인수를 선호하는 경향이 있다. 또한 양도 약사의 입장에서도 과거보다 약사 수가 증가하는 추세로 권리금이 크게 상승하여, 약국 양도를 통해 자본이득을 취할 수 있기에 양도하는 경우가 많다. 이러한 약국을 양도하는 방식은 개별자산양수도와 포괄양수도로 나눌 수 있다.

기존 약국의 자산, 부채 등을 각 자산별로 양수한다는 의미

약국의 시설 및 핵심 구성인원 등 모든 약국 실체를 그대로 인수하되 약국장의 명의만 변경되는 형태를 의미

1 개별자산양수도 방식

- 사업 전체의 이전보다는 특정 자산을 개별적으로 이전하는 데에 초점을 맞춘 양수도 계약
- 양도 약사는 양도할 각 자산에 대해 세금계산서를 발행해야 하며, 양수 약사는 부가가치세를 부담해야 한다.

개별자산양수도 방식은 기존 약국의 자산, 부채 등을 각 자산별로 양수도 한다는 의미이다. 즉, 사업 전체의 이전보다는 특정 자산을 개별적으로 이전하는 데에 초점을 맞춘 양수도 계약을 칭한다.

개별자산 양수도방식으로 분류된다면, 양도 약사는 양도할 각 자산에 대해 세금계산서를 발행해야 한다. 일반의약품 및 부외품 등 과세 상품은 세금계산서, 전문의약품은 계산서, 비품 및 시설장치는 과세매출비율에 따른 세금계산서, 면세매출비율에 따른 계산서, 권리금 또한 과세매출비율에 따른 세금계산서, 면세매출비율에 따른 계산서를 발행하게 된다. 따라서 양도 약사는 총 6장의 세금계산서 및 계산서를 발행해야 하므로 실무상 다소 번거로울 수 있다.

세금계산서가 발행되는 만큼, 당연히 이 유형의 계약에서는 부가가치세가 부과된다. 양수자는 구매하는 자산에 대해 부가가치세를 지불해야 하며, 양도자는 양수자로부터 부가가치세를 수취하여 법적 기한까지 신고·납부해야 한다. 따라서 양수 약사 입장에서는 권리금에 부가가치세가 가산되므로 체감상 더 비싸게 느껴질 수 있다. 물론 양수 약사가 지급한 권리금의 부가가치세는 추후 부가세 신고 시 환급받을 수 있다.

2 포괄양수도 방식

- 사업 전체 또는 핵심적인 부분이 이전되며, 사업이 연속적으로 이어지는 양수도 계약
- 세금계산서 발행의무가 없으며, 부가가치세도 발생하지 않는다.

포괄양수도 방식은 약국의 시설 및 핵심 구성인원 등 모든 약국 실체를 그대로 인수하되 약국장의 명의만 변경되는 형태를 의미한다. 포괄양수도의 법적 정의는, 사업장별로 사업용 자산을 비롯한 물적·인적시설 및 권리·의무 등을 포괄적으로 양도·양수하는 것이다. 즉, 사업자가 운영하는 사업의 전체 또는 핵심적인 부분을 이전하는 것이며, 명의만 바뀔 뿐 사업이 연속적으로 이어지는 양수도 계약을 칭한다.

포괄양수도 방식으로 분류된다면, 양도 약사는 세금계산서를 발행할 필요가 없으며, 양수 약사 역시 부가가치세를 부담하지 않는다. 부가가치세법상 포괄양수도는 부가가치세의 과세 대상에서 제외되는데, 이는 사업 전체의 이전이 단순한 상품이나 서비스의 매매와는 다르게 취급되기 때문이다. 사업은 그대로인데 명의만 바뀌는 포괄양수도 계약에 부가가치세를 징수한다면, 세금계산서의 발급과 환급에 따른 과세행정만 복잡하고 세수 증가 없이 납세자에게 부담만 증가시키기 때문에 과세대상에서 제외하고 있다.

[회계·세무 토막상식 – 포괄양수도에 대하여 부가가치세가 과세되지 않는 이유]

- 사업의 포괄양수도는 특정재화의 개별적 공급을 과세요건으로 하는 부가가치세의 공급에 대한 본질적 성격과 맞지 않음.

- 사업의 포괄양수도는 일반적으로 그 거래금액과 나아가 그에 대한 부가가치세액이 크며, 그 양수자는 거의 예외 없이 매입세액으로서 공제받을 것이 예상되는 거래에 대하여 매출세액을 징수하도록 하는 것은 국고에 아무런 도움이 없이 사업의 양수자에게 불필요한 자금부담을 주게 되어 이를 지양하도록 하여야 한다는 조세 내지 경제정책상의 배려임.

  → 관련 판례: 대법원 1983.6.28. 선고 82누86 판결

포괄양수도 방식으로 거래한다면, 계약서에 자산·부채 목록을 구체적으로 기재하여야 하고, 양수 약사는 해당 계약서에 기재된 사항들로 추후 인수내역을 증빙할 수 있다.

3 두 방식의 비교

- 포괄양수도와 개별자산양수도의 가장 큰 차이는 부가가치세의 적용 여부와 사업의 연속성임.
- 포괄양수도는 초기 부가가치세 부담이 없으나, 개국 초기 고용증대 세액공제를 적용하기 어려움.

포괄양수도와 개별자산양수도의 가장 큰 차이는 부가가치세의 적용 여부와 사업의 연속성이다. 포괄양수도는 사업을 통째로 넘겨받아 그 사업을 계속 운영하려는 목적으로 이뤄지는 반면, 개별자산양수도는 특정 자산의 이전을 목적으로 하여, 사업의 연속성과는 상관없이 이뤄진다.

세무적 관점에서 포괄양수도를 통해 사업을 인수할 경우 초기 부가가치세 부담이 없어 사업 인수 후 초기 운영 자금의 압박을 줄일 수 있다. 반면, 개별자산양수도는 부가가치세가 부과되므로, 특정 자산을 구매할 때 추가적인 비용을 고려해야 한다. 이렇게 보면 개별자산양수도가 포괄양수도에 비해 불리한 계약인 것처럼 보이나, 포괄양수도로 인원까지 함께 이전된다면 개국 초기 고용증대와 관련된 세액공제를 적용하기 힘들다는 단점이 존재한다. 약국을 인수하며 함께 인수한 고용인원들을, 포괄양수도 계약에서는 신규고용으로 인정하지 않기 때문이다. 여기에는 법률체계와 과세관청의 관점이 반영되어 있는데, 포괄양수도란 사업 전체가 이전된 것이고 고용관계도 이전된 것에 불과하므로 '신규'로 고용을 '창출'했다고 볼 수 없다는 뜻이다.

따라서 약국장은 예산, 세금 부담 등을 종합적으로 고려하여 자신에게 가장 적합한 계약 유형을 선택해야 하며, 이 과정에서 세무대리인 또는 세무전문가에게 조언을 구하는 것이 필요하다.

- 약국을 양도하는 방식은 개별자산양수도와 포괄양수도로 나뉜다.

- 개별자산양수도는 특정 자산을 개별적으로 이전하는 데 초점을 맞춘 계약으로, 양도 시 세금계산서 발행이 필요하고 부가가치세가 부과된다.

- 양수자는 구매하는 자산에 대해 부가가치세를 지불해야 하며, 이는 체감 비용을 증가시킬 수 있지만, 추후 부가세 신고 시 부가가치세를 환급받을 수 있다.

- 포괄양수도는 약국의 모든 자산, 부채, 시설 및 인적 자원을 포함하여 사업 전체 또는 핵심 부분을 그대로 인수하는 계약이며, 세금계산서 발행 없이 부가가치세 부담 없이 진행된다.

- 포괄양수도 방식은 사업 연속성을 유지하면서 명의만 변경되는 형태로, 초기 부가가치세 부담 없이 사업을 운영할 수 있는 이점이 있다.

- 포괄양수도는 개별자산양수도 대비 세금 부담 없이 사업의 연속성을 이어갈 수 있으나, 신규 고용증대와 관련된 세액공제를 적용하기 힘들 수 있다.

- 이러한 차이점은 약국 인수 시 반드시 고려되어야 하며, 약국장은 세금, 예산, 사업의 연속성 등을 고려하여 가장 적합한 계약 유형을 선택해야 한다. 의사결정을 내릴 때 세무 대리인 또는 전문가의 조언을 구하는 것이 필요하다.

포괄양수도 계약 시 유의점

    기존 약국을 인수할 때 포괄양수도 계약으로 분류되기 위해서는 부가가치세법에서 요구하는 몇 가지 조건을 만족해야만 한다. 이번 장에서는 포괄양수도 계약으로 분류되기 위한 조건과 실무상 유의할 사항들에 대해 알아보도록 한다.

1 포괄양수도로 분류되기 위한 법적 조건

대한민국 부가가치세법에서는 아래의 요건을 들며, 이를 모두 만족하지 않는 계약은 포괄양수도로 보지 않는다. 즉, 아래 요건을 모두 만족하지 않는다면 개별자산양수도로 보아 약국을 인수하는 약사는 부가가치세를 부담해야 한다.

> 1. 사업장별로 사업의 승계가 이루어져야 함.
> 2. 사업에 관한 모든 권리와 의무가 포괄적으로 승계되어야 함.
> 3. 사업의 동일성이 유지되어야 함.

1) 사업장별 사업의 승계

사업양도에 해당하기 위해서는 사업장별로 사업의 승계가 이루어져야 한다. 부가가치세법에서는 기본통칙 10-23…1에서 아래 항목들을 "사업장별 사업의 양도"의 예시로 들고 있다.

① 개인인 사업자가 법인설립을 위하여 사업장별로 그 사업에 관한 모든 권리와 의무를 포괄적으로 현물출자하는 경우

② 과세사업과 면세사업을 겸영하는 사업자가 사업장별로 과세사업에 관한 모든 권리와 의무를 포괄적으로 양도하는 경우

③ 과세사업에 사용할 목적으로 건설중인 독립된 제조장으로서 등록되지 아니한 사업장에 관한 모든 권리와 의무를 포괄적으로 양도하는 경우

④ 둘 이상의 사업장이 있는 사업자가 그중 하나의 사업장에 관한 모든 권리(미수금에 관한 것을 제외)와 의무(미지급금에 관한 것을 제외)를 포괄적으로 양도하는 경우

2) 사업에 관한 모든 권리와 의무

사업양도에 해당하기 위해서는 사업장별로 그 사업에 관한 모든 권리와 의무를 포괄적으로 승계시켜야 한다. 다만, 사업과 직접 관련이 없거나 사업의 동일성을 상실하지 아니하는 범위 내에서 다음의 일부 권리·의무를 제외하여도 사업의 양도로 본다

① 미수금에 관한 것

② 미지급금에 관한 것

③ 해당 사업과 직접 관련이 없는 토지·건물 등에 관한 것으로서 다음에 정하는 것

    ㉠ 사업양도자가 법인인 경우: 법인세법 시행령 제49조 제1항에 따른 자산

    ㉡ 사업양도자가 법인이 아닌 사업자인 경우: "㉠"의 자산에 준하는 자산

3) 사업의 동일성 유지

경영주체만 변경되고 그 사업 자체는 변동없이 전 사업자의 사업이 계속 운영되는 것을 의미한다. 사업의 동일성이란 사업양도 전·후에 사업의 종류변경 또는 새로운 사업의 종류 추가 등 그 사업에 관한 어떠한 변동도 없어야 한다는 것으로 해석할 수 있으나, 2006년 2월 법 개정을 통해 사업양도 전·후의 사업의 종류가 변경되거나 새로운 사업의 종류를 추가하는 경우에도 사업의 동일성이 유지되는 것으로 보고 있다. 다만 사업양수자는 반드시 사업을 양수하는 시점에는 동일한 업종을 영위해야 한다는 의견이 주류이다.

2 약국 실무상 포괄양수도로 인정되지 않는 경우

위의 요건들을 약국 개국실무에 적용하면, 몇 가지 경우에 사업의 포괄 양수도로 인정받기 어렵다. 아래에서는 그 대표적인 사례들을 나열해 보았다.

약국 실무상 사업의 포괄양수도가 인정되기 어려운 대표적인 사례
① 주요 인원을 모두 제외하고 인수하는 경우
② 약국 건물을 소유한 약사로부터 약국을 인수하면서, 건물을 제외하고 인수하는 경우
③ 약국이 아닌 다른 사업을 인수해 약국을 개국하는 경우
④ 약국 폐업 완료 이후 포괄양수도 진행하는 경우

① 주요한 인원을 모두 제외하고 인수한다면 포괄양수도로 인정받기 어렵다. 앞서 말했듯, 사업에 관한 모든 권리의 의무가 포괄적으로 승계되어야 하며 여기에는 고용관계 역시 포함된다. 만약 대다수의 고용관계를 승계하지 않고 새로운 인원으로 대체하는 경우, 핵심인력에 대한 고용관계가 승계되지 않았다고 보아 포괄양수도로 인정하지 않을 수 있다.

② 약국이 임대차계약이 아닌 분양 등을 통한 건물을 취득하여 약국을 개설한 경우, 건물을 제외하고 양도하는 경우 주요한 사업 관련한 자산에 건물이 포함되어 포괄양수도로 보기 힘들다. 따라서 이러한 경우 양수하는 약사는 약국을 인수할 때 그 약국이 소재한 건물과 함께 인수해야 포괄양수도로 인정받을 수 있다. 물론 건물주가 약국을 운영하지 않는 주체로서, 예를 들어 배우자 등이라면 약국만 양도 가능하다.

- 관련 국세청 판단사례: 부가가치세과-427, 2014.5.12.

  재화의 공급으로 보지 아니하는 사업의 양도란 사업장별로 그 사업에 관한 모든 권리와 의무를 포괄적으로 승계시키는 것을 말하는 것으로 공장건물 및 그 토지를 제외하고 법인전환하는 경우에는 사업의 양도에 해당하지 아니함.

- 관련 조세심판원 판단사례: 조심2011부1468, 2012.5.23.

  사업의 양도는 그 사업용 자산을 비롯한 인적·물적설비 및 당해 사업에 관련된 모든 권리와 의무를 포괄적으로 승계시켜 경영주체만 변경되는 것이라고 할 것인바, 쟁점사업부문에 직접 사용되는 토지, 건물을 제외하고 사업을 양도한 것은 사업의 중요한 요소 중 일부가 승계되지 아니하여 사업의 포괄적 양도·양수에 해당하지 아니한 것으로 보임.

③ 만약 약국 업종이 아닌 사업을 인수하여 약국으로 개국하는 경우 포괄양수도로 인정되기 어렵다. 예를 들어 커피숍을 인수하여 해당 위치에서 커피숍을 철거 후 약국으로 신규 개국 시 포괄양수도로 인정하기 어렵다. 다만, 실제 약국장이 커피숍을 운영하다가 업종을 변경하는 경우는 가능할 수 있다.

④ 양도하는 약국이 폐업이 완료된 이후에 포괄양수도를 진행하는 것은 포괄양수도로 인정할 수 없다. 상대방이 사업자로서 종료된 상태이기 때문에 계약의 주체가 영업을 수행하지 않는 상태로는 포괄양수도가 성립하지 않는다.

3 포괄양수도 계약 시 유의할 점

1. 약국을 승계하는 과정에서 퇴사자가 발생할 경우, 약국장은 해당 퇴사자와의 원만한 합의가 필요함.

2. 약국 승계과정에서 이어받은 고용 인원수가 세액공제 적용 대상에서 제외되므로, 종합소득세 납부금액이 예상 대비 많을 수 있음.

3. 인수대상 자산·부채에 대해 정확한 수량과 금액을 맞춰보는 것이 필요함. 특히 일반약이나 부외품 등 과세대상 상품에 대해서는 부가세를 제외하고 금액을 산정해야 함.

① 인사 관리 관점: 포괄양수도 시 인수하는 약사 입장에서는 전체 인원을 인수하는 것이 부담일 수 있다. 따라서 주요한 인원 이외에는 인수하지 않기로 계약을 하여 포괄양수도의 요건은 유지하되, 일부 인원이 퇴사하는 경우 근로자가 근로의지가 있어 비자발적 해고로 고용노동부에 신고하는 경우가 발생할 수 있다. 따라서 약국장은 퇴사예정 근로자와 원만하게 합의를 해야 하며, 합의한 내용에 맞추어 사직서를 구비하는 것이 추후 불필요한 의견충돌을 막을 수 있는 방안이다.

또한 기존 직원에 대한 인수가 이루어지더라도 기존 직원에 대한 퇴직금 문제는 양도 약사와 합의를 하여야 한다. 양도 약사가 퇴직금을 중간정산하는 경우가 많으며, 양도시점에 맞춰 퇴직정산을 하여 근로자에게 지급 후 새로운 사업자와의 계약으로 진행하는 것이 일반적이다.

② 종합소득세 관점: 통합고용세액공제를 적용하는 데에 기준이 되는 "고용증가인원"은, 약국 승계를 통해 이어받은 고용인원수 만큼은 제외하고 적용된다. 즉, 포괄양수도가 아닌 개별자산양수도 방식으로 약국을 인수할 경우 적용될 수 있는 세액공제가 포괄양수도를 통해 약국을 승계

했다면 고용창출효과가 없는 것으로 판단하여 세액공제가 적용되지 않는다. 예를 들어 기존 약국이 3명의 직원으로 운영했고, 이를 포괄양수도로 양수한 약국이 3명을 그대로 고용 승계하였다면 고용증가효과가 발생하지 않아 세액공제 역시 적용되지 않는다. 하지만 신규로 개국하는 약국이 3명을 고용하였다면 전기대비 고용증대효과가 발생하여 세액공제효과로 종합소득세 감소효과가 있다. 따라서 포괄양수도의 경우 신규 개국에 비해 상대적으로 세액공제효과가 적어 종합소득세 납부금액 증대에 영향을 미칠 수 있다.

관련 실무 사례 1

[질문사항] 2024년 7월에, 이전 약국을 포괄양수도로 인수하는 방식으로 개국했습니다. 이전 약국으로부터 직원을 전부 승계받았고, 이분들을 현재까지 계속 채용 중이며 그 외에는 추가로 근무하는 분이 없습니다. 이럴 경우 고용으로 인한 세금혜택은 어떻게 되나요?

[답변] 결론부터 말씀드리면, 포괄양수도로 승계받은 인원 이외에 추가로 고용한 인원이 없어 세금혜택은 받으실 수 없습니다. 왜냐하면 포괄양수도로 인해 고용 승계된 인원은 고용증대 세액공제에서 이야기하는 '고용'에 해당하지 않기 때문입니다. 고용증대 세액공제는 '신규' 인원을 '추가로 고용'하는 것에 세금혜택을 주려는 게 취지인데, 포괄양수도로 인해 승계된 인원은 여기서 말하는 '추가로 고용'에 해당하지 않고 '기존 고용'을 그대로 유지하는 것이기 때문입니다.

관련 실무 사례 2

[질문사항] 운영해 오던 약국을 다음 달 초에 포괄양수도 방식으로 양도하려고 합니다. 과거에 고용증대 세액공제를 적용받고 있었는데, 약국을 양도하면 과거에 세금혜택 받았던 만큼 추가로 납부해야 한다는 얘기가 있더라구요. 이건 어떤 내용인가요?

[답변] 결론부터 말씀드리면, 포괄양수도로 약국을 양도할 시에는 과거에 공제받

은 세금혜택을 다시 납부하지 않으셔도 됩니다. 고용증대 세액공제는 '고용'이 '추가'되는 것에 대한 세금혜택인데, 이렇게 증가한 고용이 일정기간 이내에 '감소'하게 된다면 제공된 세금혜택을 다시 환수하고 있습니다. 그런데 포괄양수도로 약국이 이전되는 것은, 고용이 '감소'하는 것이 아니라 '기존 고용'이 그대로 유지되는 것이기 때문에, 과거에 공제받은 세금혜택은 다시 납부하지 않으셔도 됩니다.

③ 회계상 자산·부채 관점: 양수도 대상은 크게 4가지로 분류되며 전문약, 일반약(부외품 등), 집기비품(시설장치 등), 영업권(권리금)이다. 일반약, 전문약의 경우 양도 약사의 마지막 영업종료 시점에 맞춰 재고리스트를 받아 양도·양수인은 실제 상품과 수량과 금액을 맞춰보는 것이 필요하며, 정확한 재고 잔액과 수량을 정산하여 양수 세무대리인에게 그 장부가액을 알려주어야 한다. 또한 양도 약사는 전문약, 일반약에 대해서 정산할 시 전문약에 대해서는 부가가치세를 포함하여 계산하고 일반약과 부외품 등 과세대상 상품은 부가가치세를 제외하고 계산해야 한다. 양도 약사 입장에서는 일반약 등 과세대상 상품은 부가가치세를 환급받았으나, 포괄양수도로 인해 최종적으로 부가가치세를 추가로 납부하지는 않으므로 양도 시 부가가치세를 제외하는 것이 정확한 계산이다. 또한 양도 약사는 양도일에 맞춰 집기비품 등에 대한 정확한 잔존 장부가액을 세무대리인에게 받아 계약서에 기재하여 장부가액 그대로 양수가액이 인수될 수 있도록 해야 한다. 양도 약사는 일반적으로 전문약, 일반약, 부외품 등을 최대한 반품하여 결제잔액을 최소화하여 양도하는 경우가 많으며, 결제잔액이 남아 있는 경우 양수하는 약사님이 해당 부분을 도매상과 연계하여 인수하도록 한다.

비품 및 시설장치의 경우 포괄양수도 계약서에 양도 약사의 양도일 시점의 정확한 순장부가액을 기재하여야 한다. 만약 계약서에 비품 및 시설장치에 대하여 순장부가액보다 높은 가액을 기재한다면 최종 양도약국의 최종 잔존소득을 계산 시 해당 비품 및 시설장치에서 양도차익이 발생하게 되어 해당 금액이 종합소득세에 가산이 될 수 있으므로 주의해야 한다.

- 대한민국 부가가치세법상 포괄양수도 계약을 위해서는 사업장별 사업의 승계, 사업에 관한 모든 권리와 의무의 포괄적 승계, 그리고 사업의 동일성 유지 조건을 만족해야 한다.

- 사업에 관한 모든 권리와 의무를 승계해야 하며, 미수금, 미지급금, 직접 관련 없는 토지 및 건물은 예외로 할 수 있다.

- 사업의 동일성은 경영주체 변경에도 불구하고 사업 자체는 전 사업자와 동일하게 운영되어야 한다는 것을 의미한다.

- 약국 인수 시 포괄양수도로 인정받지 못하는 경우는 주요 인원의 대체, 임대차 계약이 아닌 건물의 양도 제외, 다른 업종에서 약국으로의 업종 변경, 폐업 이후의 사업 승계 등이 있다.

- 실무상 유의해야 할 점으로는 인사 관리 관점, 종합소득세 관점, 회계상 자산·부채 관점에서 고려해야 할 사항이 있다.

- 종합소득세 관점에서는 포괄양수도를 통한 약국 승계는 고용증가인원을 고려하지 않아 세액공제 적용이 불가능할 수 있다.

- 회계상 금액 산정에서는 양수도 대상을 전문약, 일반약, 집기비품, 영업권으로 분류하고, 재고리스트에 따른 정확한 재고 잔액과 수량 정산이 필요하다.

- 전문약은 부가가치세를 포함하여 계산하며, 일반약과 부외품은 부가가치세를 제외해야 한다.

- 비품 및 시설장치에 대해서는 계약서에 순장부가액을 기재하여야 하며, 가액을 과대 기재하면 최종 양도차익이 발생해 종합소득세에 영향을 줄 수 있다.

약국의 권리금

일반적으로 권리금이라 하면 사업장을 양도하거나 임대할 때, 기존 사업자가 새로운 사업자에게 요구하는 다양한 형태의 대가를 의미한다. 그리고 약국에서의 권리금이란 약국의 노하우, 상권상 이점(매약 및 처방건수), 시설장치 등에 대한 가치의 양도로 지급하는 대가를 의미하며, 약국의 위치와 규모에 따라 그 금액은 크게 차이가 날 수 있다. 이번 장에서는 약국의 권리금에 대해 알아보도록 한다.

1 권리금의 일반적인 정의

> 권리금의 일반적인 정의: 사업장을 양도하거나 임대할 때, 기존 사업자가 새로운 사업자에게 요구하는 다양한 형태의 대가
>
> 권리금 = 영업권리금 + 시설권리금 + 바닥권리금

일반적으로 권리금이라 함은 영업권리금, 시설권리금, 바닥권리금을 포괄하여 일컫는다. 이를 세분화한 3가지 권리금은 상업용 임대차계약에서 자주 등장하는 용어들로, 사업장을 양도하거나 임대할 때 기존 사업자가 신규 사업자에게 요구할 수 있는 다양한 형태의 대가를 의미한다.

각각의 권리금은 다음과 같이 구분된다.

① 영업권리금: 특정 사업장에서의 사업 운영을 통해 축적된 고객 기반, 브랜드 가치, 상권의 위치 가치 등 무형의 자산에 대한 대가를 말한다. 이는 사업을 인수하는 새로운 사업자가 기존 사업자의 영업권을 인수함으로써 얻을 수 있는 이익과 직접적으로 관련이 있다. 고객 충성도, 사업 관계자와의 인접성 등이 여기에 반영된다.

② 시설권리금: 사업장 내에 설치된 시설이나 인테리어, 기타 설비에 투자된 금액에 대한 대가이다. 신규 사업자가 추가적인 투자 없이 기존의 시설을 그대로 사업에 사용할 수 있다는 점에서 가치를 가진다. 이는 시설장비, 인테리어 등 실제 물리적으로 존재하는 자산의 가치가 여기에 반영된다.

서 미발급가산세 등이 부과된다. 또한 3백만원의 부가가치세는 김 약사가 해당 약국을 폐업할 것이므로 폐업 부가세 신고 시 납부하게 된다.

[종합소득세 측면]

김 약사의 권리금은 먼저 양수인인 이 약사가 권리금을 지급할 때 기타소득으로 원천징수되어 8.8%를 세금으로 선납하게 된다. 그리고 이후 당해 사업소득 총수입금액에 가산되어 김 약사의 연간 1.5억원의 수익에 기타소득금액이 더해져 차년도 5월에 종합소득세를 납부하게 된다. 다만 1.5억원에서 기타소득은 60%의 필요경비를 인정해주어 실제로는 40%만 소득으로 더해진다.

- 기타소득 원천징수금액: 150,000,000원×8.8%=13,200,000원

- 김 약사의 기타소득금액: 150,000,000원-150,000,000원×60%(필요경비)=60,000,000원

- 김 약사의 당해 소득금액: 200,000,000원(기존 약국 소득) +60,000,000원(기타소득금액)=260,000,000원

현재 소득금액 200,000,000원 이상의 구간에 대한 세율은 아래와 같다.

과세표준(≒소득금액)	세율
14,000,000원 이하	6%
14,000,000원 초과 50,000,000원 이하	15%
50,000,000원 초과 88,000,000원 이하	24%
88,000,000원 초과 150,000,000원 이하	35%
150,000,000원 초과 300,000,000원 이하	38%
300,000,000원 초과 500,000,000원 이하	40%
500,000,000원 초과 1,000,000,000원 이하	42%
1,000,000,000원 초과	45%

③ 바닥권리금: 바닥권리금은 특정 임대 공간을 사용할 권리에 대한 대가로, 주로 임대차계약을 통해 특정 위치에 사업장을 운영할 권리를 얻기 위해 지불하는 금액을 의미한다. 이는 해당 공간에서 사업을 운영할 수 있는 독점적 권리 또는 우선권에 대한 대가로 볼 수 있으며, 상권의 위치나 사업장의 임대 조건의 우수성 등이 여기에 반영된다.

위 세 가지 권리금은 상호 연관되어 있지만, 구체적으로 어떤 것에 대한 대가인지를 명확히 구분하는 것이 중요하다. 예를 들어, 사업을 전체적으로 인수할 때는 영업권리금과 시설권리금이 모두 포함될 수 있으며, 단순히 공간만을 임대할 때는 바닥권리금이 주로 거론된다. 각 권리금은 사업장 인수나 임대 시 가치 평가 및 협상 과정에서 중요한 요소가 된다.

2 약국에서의 권리금

약국의 노하우, 상권상 이점(매약 및 처방건수), 시설장치 등에 대한 가치의 양도로 지급하는 대가를 의미

영업권리금/시설권리금으로 구분

약국에서의 권리금은 일반적으로 영업권리금과 시설권리금으로 구분된다. 영업권리금은 약국을 운영하며 창출할 수 있는 장래수익을 말하며, 최근 수 개월간의 조제료 및 매약매출에 따른 순이익의 대가를 고려하여 계산된다. 시설권리금은 약국의 인테리어 설비, 자동조제기기에 대한 대가를 의미하며, 인수대상 설비·자산의 회계상 장부금액(감가상각 반영된 장부금액)을 고려하여 계산된다.

다른 사업들에 비해 약국에서는 통상 바닥권리금보다 영업권리금이 더 중요하게 여겨진다. 약국 실무 특성상 약국의 상권상 이점은 주로 처방전과 매약건수에 달려있으며, 이는 약국이 어디에 위치하였는지보다는 근처에 인접한 병·의원이 얼마나 많은지에 좌우되기 때문이다. 시설 및 바닥권리라는 의미로 권리금의 대가를 의미하기도 하지만, 일반적으로 약국은 병원과 약국의 위치에 따라 조제료가 결정되므로 권리금 대가의 대다수 의미는 처방전에 따른 조제료 금액과 해당 위치의 유동인구에 따른 매약매출로 인한 순이익이 가장 주요한 대가로 볼 수 있다.

권리금은 기본적으로 양도인에게는 큰 소득이고, 양수인에게는 확실한 매출에 대한 보증금의 성격을 띤다. 또한 양도인에게는 세무상 기타소득으로 소득이 신고되어, 최종 해당부분이 종합소득세에 합산되어 일정부분의 납부세액이 발생하나, 양수인 입장에서는 권리금을 감가상각으로 비용처리하여 5년간 절세효과를 볼 수 있다.

- 일반적으로 권리금은 영업권리금, 시설권리금, 바닥권리금을 포함하며, 각각 사업 운영에 축적된 무형의 자산, 사업장 내 설치된 유형 자산, 특정 임대 공간을 사용할 권리에 대한 대가를 의미한다.

- 약국의 영업권리금은 주로 고객 기반, 브랜드 가치, 상권 위치의 가치를 반영한 것으로, 약국 운영으로 인해 발생할 수 있는 장래 수익을 기반으로 계산된다.
  - 이는 주변 병원과의 관계, 처방건수, 매약매출 등에 의해 영향을 받는다.

- 시설권리금은 약국 내 인테리어, 자동조제기기 등의 유형 자산에 대한 투자 금액을 의미하며, 감가상각을 반영한 회계상 장부금액을 기준으로 산정된다.
  - 이는 신규 사업자가 추가 투자 없이 기존 시설을 그대로 활용할 수 있다는 점에서 가치가 있다.

- 종합소득세에서 권리금은 소득의 일부인 기타소득으로 분류되며, 양도인은 권리금의 일부를 추후 종합소득세로 납부하게 된다.

- 양수인은 권리금을 감가상각으로 비용처리함으로써 5년간 절세 효과를 얻을 수 있다.

권리금을 신고할 때 세금효과

권리금은 금액이 최소 1천만원에서 최대 수억원까지 큰 금전이 이전하는 거래로, 해당 거래에 대해 세금부분을 고려하지 않을 수 없다. 기본적으로 권리금을 지급하는 양수인과 권리금을 수취하는 양도인의 관점에서 세금효과에 대해 아래에서 알아보도록 한다.

1 약국 양수인의 세금 – 권리금 지급

- 양수인은 권리금을 신고해야만 권리금 지출액만큼 비용으로 인정받을 수 있으며, 이는 개국 이후 5년간 감가상각을 통해 매년 경비로 처리된다.
- 양수인은 권리금을 지급할 때 원천징수의무(8.8%)가 있으며, 이를 기한 내에 신고·납부해야 한다. 또한 지급명세서 제출 의무도 있으며, 이러한 의무들을 위반할 시 가산세를 부담한다.

약국을 인수하는 경우 일반적으로 가장 큰 금액의 지출이 권리금이며, 약국 양수인 입장에서는 이러한 지출이 사업상 비용으로 인정받아 세금 절세효과에 도움이 되는지가 중요한 관심사이다. 개국 초기에 수억원대의 지출을 하고도 아무런 경비를 인정받지 못한다면, 양수인 입장에서는 억울할 수밖에 없다. 따라서 양수인은 계약 시 세금신고에 대한 부분을 계약서에 명확히 명시할 필요가 있으며, 최대한 권리금 전체금액을 신고할 수 있도록 양도·양수인 간 협의해야 한다.

권리금을 신고하면 약국 양수인은 해당 금액을 무형자산인 영업권이라는 계정으로 장부에 계상할 수 있으며, 약국 개국일로부터 5년간 감가상각을 통해 매년 균등한 금액이 경비로 인정된다. 이럴 경우 개국 이후부터 5년간 과세대상 소득에서 감가상각비만큼 차감되며, 해당 감가상각비에 실효세율을 곱한 금액이 실제로 양수한 약사가 내야 할 세금에서 차감된다.

약국의 양수도 거래는 권리금이라는 소득을 발생시키며, 소득이 있는 곳에는 대부분 원천징수의무가 따라붙는다. 원천징수란 소득을 지급하는 자가 소득의 발생시점에 소득을 수령하는 자를 대신해서 미리 납부하는 제도이다. 이처럼 권리금을 통해 소득이 이전될 경우, 권리금을 지급하는 양수인이 세금을 원천징수하여 납부해야 한다. 이 세금은 향후 양도인의 종합소득세에서 차감되므로, 양도인이 납부할 세금을 양수인이 권리금에서 미리 차감한 뒤에 지급하는 것이다. 권리금은 기타소득으로 분류되어 8.8%의 원천징수 세율이 부과되며, 해당 8.8%만큼은 양수 약사가 세무서에 납부하여야 한다.

기타소득의 원천징수금액의 신고 및 납부시기는 권리금의 잔금을 지급한 달의 다음 달 10일까지 납부해야 한다. 또한 권리금을 지급한 시기의 다음 해 2월 말일까지 이에 대한 지급명세서도 제출해야 한다. 원천징수금액의 신고·납부를 누락한 경우 납부지연가산세가 부과되며, 지급명세서를 기한 내에 제출하지 않으면 지급명세서 미제출에 대한 가산세가 부과된다. 각 가산세의 계산식은 아래와 같다.

> ① 납부지연가산세: "1."과 "2."를 합한 금액(한도액: 미납부금액의 10%)
>   1. 미납부금액의 3%
>   2. 미납기간 1일 1만분의 2.2(미납부금액 × 미납일수 × 2.2/10,000)
> ② 지급명세서 미제출에 대한 가산세: 지급금액의 1%
>   (단, 제출기한 경과 후 3개월 이내에 제출하는 경우 지급금액의 0.5%)

2 약국 양도인의 세금 – 권리금 수취

약국을 운영하다 보면 여러 가지 이유로 약국을 양도해야 하는 경우가 있고, 또한 권리금 가치가 많이 상승하여 자본이득을 보기 위해 약국을 양도하게 된다. 이때 수령하는 권리금이 양수 약사는 최소 1년에서 많게는 2~3년까지의 수익일 수 있어, 약국을 양도하여 권리금으로 수입금액 증대를 고려하는 경우가 많다. 이때 양도 약사는 세금에 대한 우려 때문에 권리금을 신고하지 않는 조건으로 약국을 양도하려는 경우가 많다.

권리금의 미신고 시 양도 약사 입장에서는 당장은 납부세금을 감소시킬 수 있으나, 권리금으로 수령한 자금을 다른 투자처에 재투자하거나 부동산 등 자산을 취득하기 어려울 수 있다. 세무당국에서는 권리금의 금전이전에 대한 미신고를 수시조사로 확인할 수도 있고, 일반적으로 권리금을 수령한 사람이 기존 사업소득 대비 고액의 자산을 취득할 경우 자금출처 소명요청을 통해 권리금의 신고누락을 적발할 수 있다. 따라서 벌어들인 권리금으로 새로운 자산을 취득하거나 재투자를 하려면 권리금을 신고하는 것이 권고되며, 이를 통해 세무당국의 추후 세금추징을 예방할 수 있다.

위에서 설명한 것처럼 권리금 총액(원천징수금액 8.8%를 포함한 금액)은 양도 약사가 기타소득으로 신고하게 되며, 그중 8.8%는 미리 수령액에서 차감하여 납부한 셈이다. 여기서 약국장의 소득세율이 권리금을 포함할 때 38.5%라고 가정하면, 권리금 필요경비 60%를 차감한 15.4%가 종합소득세로 계산되며 이 중 기납부한 8.8%를 차감하고 약 6.6%를 소득세로 납부하게 된다. 따라서 총액 100% 중 15.4%를 종합소득세 계산 84.6%를 실 세후 권리금으로 수령하게 된다. 물론 약국장의 소득세율이 개인별로 다르겠지만, 통상적인 권리금 수준을 과세소득에 포함한다면 38.5~46.2% 구간에 해당되는 약사들이 많으므로 실수령금액은 총액 100% 중 세후 85~82%가 될 가능성이 높다. 이를 보면, 실질 소득세 구간에 비해 권리금에 대한 납부세액(15~18%)은 낮다고 볼 수 있다. 따라서 권리금이 추후에 사업소득 등 다른 소득으로 추징되는 것보다 소득발생 시점에 기타소득(필요경비 60% 인정 소득)으로 신고하는 것이 추후에 발생할 거액의 세액추징을 예방할 수 있어 권장된다.

- 약국의 권리금 거래는 큰 금액이 오가며, 양수인과 양도인 모두 세금 효과를 고려해야 한다.

- 양수인은 권리금을 사업상 비용으로 인식하여 절세효과를 기대할 수 있으며, 이를 위해 최대한 권리금 전액을 세금신고할 수 있도록 양도인과 합의하는 것이 권장된다.
  - 신고된 권리금은 영업권으로 분류되어 5년간 감가상각을 통해 경비로 인정 받을 수 있다.
  - 권리금의 신고와 지급 과정에서 원천징수 의무가 발생하며, 권리금은 8.8% 의 원천징수 세율이 적용된다.

- 양도인은 권리금으로 인한 소득을 신고 누락할 시 투자나 자산 취득에 제약이 있을 수 있다.
  - 세무당국은 미 신고된 자금이동을 수시로 조사할 수 있으며, 거액의 자산 취득 시 자금출처 소명 요청을 통해 신고 누락을 적발할 수 있다.
  - 양도인에게 권리금은 기타소득으로 분류되며, 원천징수 후 실제로 납부해야 할 세금은 권리금의 필요경비 60%를 차감한 후 계산된다.
  - 만일 나중에 권리금이 기타소득이 아닌 사업소득 등 다른 소득으로 추징될 경우, 추징될 세금은 기타소득으로 추징되었을 때보다 훨씬 크다. 따라서 소득발생 시점에 기타소득으로 신고하는 것이 추후 거액의 세금손실을 예방 할 수 있다.

약국의 양수도와 권리금 사례 분석

지금까지 약국의 양수도 방식과 포괄양수도 계약의 유의할 점, 그리고 약국에서의 권리금과 그 세금효과에 대해서 알아보았다. 이번 장에서는 가상의 사례를 통해, 각 양수도 방식과 양도·양수인 입장에 따라 어떻게 세금이 달리 부과되는지 알아보도록 한다.

김 약사는 10년간 약국을 운영하였으며, 연간 사업소득금액으로 2억원의 순수익이 발생하는 약국이다. 김 약사는 지인인 이 약사에게 약국을 양도하기로 하고 권리금 1.5억원을 측정하였다. 의약품의 재고자산은 권리금과는 별도로 정산하기로 하였으며, 김 약사의 약국은 전문약과 일반의약품을 8 대 2의 비율로 판매하고 있었다.

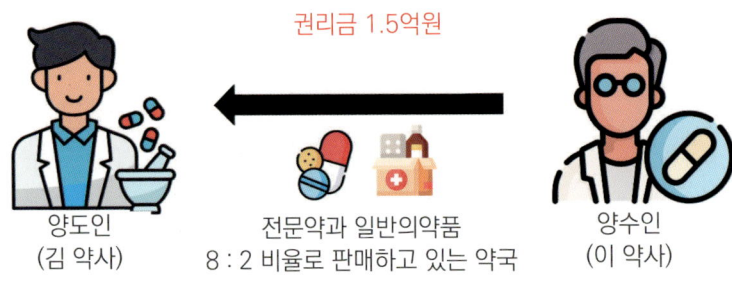

권리금 1.5억원

양도인
(김 약사)

전문약과 일반의약품
8 : 2 비율로 판매하고 있는 약국

양수인
(이 약사)

1 개별자산양수도 방식 – 김 약사(양도인) 관점 세금효과

[부가가치세 측면]

김 약사(양도인)는 권리금 1.5억원에 대해 과세비율(20%)에 맞춰 세금계산서를 발행해야 한다.

- 세금계산서 발행금액(과세): 150,000,000원×과세비율 20%
  =30,000,000
- 계산서 발행액(면세): 150,000,000원×면세비율 80%=120,000,000원

따라서 1.5억원 중 3천만원은 부가가치세(10%) 3백만원을 더해 세금계산서를 발행하고, 나머지 1.2억원은 면세분이므로 계산서를 발행하게 된다. 위 과세분 3천만원에 대해 세금계산서를 발행하지 않는 경우 세금계산

권리금에 대한 세율, 즉 기존 연소득 2억원의 초과 수익 6천만원에 대한 세율은 38%로 지방소득세(10%)를 더하면 최종 41.8% 구간의 세율을 받게 된다.

따라서 최종 현금 흐름은 아래와 같다.

- 권리금 총액: 150,000,000원(부가가치세 납부금액 제외)
- 권리금으로 인한 종합소득세: 60,000,000원(기타소득금액)×41.8%(종합소득세율)-13,200,000원(기타소득 원천징수세액)=11,880,000원
- 권리금 순수령액: 150,000,000원(권리금)-13,200,000원(기타소득 원천징수세액)-11,880,000원(종합소득세)=124,920,000원

2 개별자산양수도 방식 - 이 약사(양수인) 관점 세금효과

이 약사(양수인)는 김 약사에게 권리금 총액에 부가가치세를 더하고, 기타소득 원천징수금액을 제외한 금액을 송금하게 된다.

- 이 약사의 지급액: 150,000,000원(권리금)+3,000,000원(부가가치세)-13,200,000원(기타소득 원천징수 금액)=139,800,000원

[부가가치세 측면]

이 약사는 권리금으로 인해 지급된 3백만원의 부가가치세를 향후 부가가치세 신고할 때 매입세액으로 환급받는다.

[종합소득세 측면]

권리금 150,000,000원에 대해 개국일로부터 5년간 무형자산 감가상각비로 계상하여 경비처리할 수 있다. 1월 1일에 약국을 개국한 경우, 매년

3천만원을 경비로 처리할 수 있다.

　또한 이 약사는 기타소득을 지급하는 자이므로 원천징수의무가 있으며, 김 약사로부터 8.8%만큼 원천징수한 세금 13,200,000원을 다음 달 10일 이전까지 세무서에 신고·납부해야 하고, 다음해 2월 말까지 지급명세서를 제출해야 한다.

3　포괄양수도 방식 – 김 약사(양도인) 관점 세금효과

[부가가치세 측면]

　김 약사는 포괄양수도로 약국을 양도하므로 부가가치세가 과세되지 않고, 세금계산서를 발행하지 않는다.

[종합소득세 측면]

　종합소득세 측면에서 김 약사는 개별자산양수도와 포괄양수도에 따라 달라지지 않고 동일하다. 포괄양수도에 해당되는지에 따라 부가가치세 부담이 달라질 뿐, 종합소득세의 과세는 달라지지 않기 때문이다. 따라서 최종적인 순수령 금액은 개별자산양수도상 금액인 124,920,000원과 동일하다.

4　포괄양수도 방식 – 이 약사(양수인) 관점 세금효과

　이 약사(양수인)는 김 약사에게 권리금 총액에 기타소득 원천징수금액을 제외한 금액을 송금하게 되며, 여기에 부가가치세는 포함되지 않는다.

- 이 약사의 지급액: 150,000,000원(권리금)-13,200,000원(기타소득 원천징수금액)=136,800,000원

[부가가치세 측면]

이 약사는 포괄양수도로 약국을 양수하므로 부가가치세를 부담하지 않는다.

[종합소득세 측면]

종합소득세 측면에서 이 약사는 개별자산양수도와 포괄양수도에 따라 달라지지 않고 동일하다. 매년 동일하게 3천만원만큼 경비로 처리할 수 있으며, 권리금의 8.8%인 13,200,000원만큼 원천징수하여 다음 달 10일 이전까지 세무서에 신고·납부하고 다음해 2월까지 지급명세서를 제출해야 한다.

5 권리금을 신고하지 않을 때 - 김 약사(양도인) 관점

김 약사의 권리금 1.5억원이 신고되지 않는다면, 이 약사의 전체 송금금액 1.5억원이 순수하게 현금으로 입금되어 사용될 것이다. 따라서 부가가치세나 종합소득세에 미치는 영향 없이 개인 간에 금전이 이동한 거래로 남아 있는 것이다. 김 약사는 해당 자금으로 취득세가 부과되는 자산인 건물, 자동차 등에 투자를 할 수 있다. 다만, 김 약사의 신고된 소득은 연간 2억이나, 그 외 지출로 소득에 비춰 고액자산을 취득하는 경우 국세청에서는 자금출처에 대한 소명 요청을 요구할 수 있으며, 소명이 명확하지 않은 경우 세무조사의 리스크가 있다.

금융정보분석원에서는 각종 이체내역 및 현금거래의 입금내역에 대해

국세청과 공조하고 있다. 따라서 국세청은 세무조사 시 해당 금융거래 내역을 추적 보고할 수 있으며, 매출액이나 재산, 소득규모에 비춰 높거나 액수가 과다해 조세 탈루의 의심이 있는 경우에 해당하는 정보를 국세청은 금융정보분석원에 요청하여 세무조사를 수행하고 있다. 따라서 김 약사가 권리금을 신고하지 않는다면, 국세청으로부터 세무조사를 받아 거액의 세금을 추징당할 수 있는 리스크를 안게 된다.

6 권리금을 신고하지 않을 때 – 이 약사(양수인) 관점

이 약사는 권리금 1.5억원을 김 약사에게 송금해주게 되고, 권리금을 신고하지 않기로 하였기에 따로 원천징수나 부가가치세를 납부하지 않는다. 다만 이 약사는 향후 5년간 권리금에 대한 비용처리를 할 수 없고, 이로 인해 권리금을 신고했을 때 대비 과다한 세금을 납부하게 된다. 예를 들어 이 약사의 향후 실효세율이 30%라고 가정하면 권리금 1.5억원의 20%인 3천만원에 실효세율 30%를 다시 적용한 9백만원만큼 5년간 매년 세금을 추기 납부할 수 있다. 띠라서 이 약사 입장에서는 미신고로 인해 권리금 총액 1.5억원에 향후 5년간 받을 경비의 세금효과 45백만원(9백만원×5년)을 추가로 부담하게 된다. 따라서 양수 약사는 양도 약사에게 세금을 신고할 수 있도록 합의하는 것이 중요하다.

- 개별자산양수도 방식-김 약사(양도인) 관점 세금효과
  - 김 약사(양도인)는 권리금 1.5억원에 대해 과세비율(20%)에 맞춰 세금계산서를 발행하고, 면세비율(80%)에 맞추어 계산서를 발행해야 한다. 미발급 시 가산세를 부담한다.
  - 김 약사의 권리금은 먼저 양수인인 이 약사가 권리금을 지급할 때 기타소득으로 원천징수되어 8.8%를 세금으로 선납하게 되며, 이후 필요경비 60%를 차감한 금액만큼 과세대상 종합소득에 가산되어 세금을 부담하게 된다.

- 개별자산양수도 방식-이 약사(양수인) 관점 세금효과
  - 이 약사(양수인)는 김 약사에게 권리금 총액에 부가가치세를 더하고, 기타소득 원천징수금액을 제외한 금액을 송금하게 된다.
  - 이 약사는 권리금으로 인해 지급된 부가가치세를 향후 부가가치세 신고할 때 매입세액으로 환급받는다.
  - 권리금을 5년간 감가상각비로 경비처리할 수 있으며, 8.8%만큼 원천징수한 세금을 다음 달 10일 이전까지 세무서에 신고·납부해야 하고, 다음해 2월 말까지 지급명세서를 제출해야 한다.

- 포괄양수도 방식-김 약사(양도인) 관점 세금효과
  - 김 약사는 포괄양수도로 약국을 양도하므로 부가가치세가 과세되지 않고, 세금계산서를 발행하지 않는다.
  - 종합소득세는 개별자산양수도와 동일하다.

- 포괄양수도 방식-이 약사(양수인) 관점 세금효과
  - 이 약사는 포괄양수도로 약국을 양수하므로 부가가치세를 부담하지 않는다.
  - 종합소득세는 개별자산양수도와 동일하다

PART 3 · 직원의 인사관리

직원의 인사관리

직원을 채용할 때 알아야 할 근로기준법

약국장 입장에서는 근무약사나 직원을 채용할 때 왠지 모를 불안감에 휩싸이게 된다. 약과 관련된 전문지식은 그 누구보다도 뛰어난 약사들이지만, 약국 자체를 운영하고 키워나가는 데에 필요한 전공지식은 다른 전문가들에게 의지할 수밖에 없기 때문이다. 더군다나, 근로자와 관련된 근로기준법은 약국장들에게는 괜히 이름만으로도 위압감을 준다. 그래서 약국장들은 근로기준법을 준수하기 위해 노무사와 계약을 맺자니 매월 나가는 비용이 부담스럽게 느껴진다. 그렇다고 회계사무소에 물어보자니 그들 또한 회계·세무 전문이라 노무에 관한 정확한 답을 듣기는 어렵다. 이러한 약국장들의 니즈를 충족시키기 위해, 직원 채용 시 고려해야 할 근로기준법의 대표적인 내용들을 간추려 정리해 보았다.

1 근로기준법이란?

"근로조건의 기준을 정함으로써 근로자의 기본적 생활을 보장하고 향상시키며 균형 있는 국민경제의 발전을 꾀하기 위해 만들어진 법률"

근로기준법은 근로조건의 기준을 정함으로써 근로자의 기본적 생활을 보장하고 향상시키며 균형 있는 국민경제의 발전을 꾀하기 위해 만들어진 법률이다. 근로기준법에는 다양한 용어가 나오는데, 대표적으로 "근로자"와 "사용자"를 들 수 있다. "근로자"란 직업의 종류와 관계없이 임금을 목적으로 사업이나 사업장에 근로를 제공하는 사람을 의미하며, "사용자"란 사업주 또는 사업경영 담당자, 그 밖에 근로자에 관한 사항에 대하여 사업주를 위하여 행위하는 자를 의미한다. 이를 약국에 대입해 보면, "근로자"란 근무약사나 직원을 의미하고, "사용자"란 약국장을 의미한다.

근로자

임금을 목적으로 사업이나 사업장에
근로를 제공하는 사람을 의미

사용자

사업주 또는 사업경영 담당자이며
사업주를 위하여 행위하는 자를 의미

및 제4항의 규정에 의하여 요양기관 현황변경신고서로 통보된 상근자를 원칙으로 하되 상근자의 경우는 1인 시간제, 격일제 근무자는 주 3일 이상이면서 주 20시간 이상인 경우 0.5인 이외의 경우 기타 인력으로 산정 가능하나 차등수가는 적용되지 않음을 알려 드립니다.

• 개설 약사의 경우 근무 형태 고려하여 상근, 비상근, 기타로 신고할 수 있습니다.

• 약사법 제21조에서 약사는 하나의 약국만을 개설할 수 있으며, 약국 개설자는 자신이 그 약국을 관리하도록 규정하고 있으며, 약국 개설자를 제외한 근무 약사의 경우만 복수기관에 근무가 가능한 바 의약품 정책과 1288호, 2013312, 약국 개설자는 타 기관 근무가 가능하지 않은 점 양해하여 주시기 바랍니다. 다만, 약국의 개설자가 타기관 요양기관이 아닌 제약회사, 연구소, 일반회사 운영 등에 겸직은 가능함을 알려 드립니다(보험급여과 1995호, 2008918).

근로기준법은 헌법에서 보장하는 근로자의 근로기준 중 최저기준을 정한 법률이기 때문에, 만약 사용자가 마음대로 근로기준법에서 정한 것보다 낮은 처우를 제공한다면 근로기준법 위반으로 처벌받을 수 있다. 근로기준법은 거의 모든 주요규정 위반에 형사처벌이 부과된다. 여기서 형사처벌이란 징역 또는 벌금을 의미한다. 그러므로 사용자인 약국장은 근로기준법을 위반하지 않도록 모든 조치를 취해야 할 것이다.

그런데 근로기준법은 원래 상시근로자 수 5인 이상의 사업장을 대상으로 만들어진 법률이다. 영세사업장의 경영부담을 완화하기 위해서, 5인 미만 사업장의 경우에는 근로기준법 일부만 적용된다. 직원을 1~2명 밖에 두지 않는 영세한 사업장에 모든 근로기준법을 적용하기에는 사업주의 부담이 너무 높아지기 때문이다. 그리하여 약국의 근로기준법 적용 범위는 상시근로자 수가 5인을 넘는지 여부에 따라 달라진다.

2 상시근로자 수

근로기준법 적용 범위를 알아보기에 앞서, 각 약국이 상시근로자 5인 이상인지 5인 미만인지를 먼저 확인해야 한다.

상시근로자 수는 파트타임, 단시간근로자 등 고용형태를 불문하고 약국에서 일하는 모든 근로자를 포함하여 계산한다.
※ 약국장 본인은 제외한다.

여기서 상시근로자 수는 파트타임, 단시간근로자 등 고용형태를 불문하고 약국에서 일하는 모든 근로자를 포함하여 계산한다. '고용한 직원 수

= 상시근로자 수'로 알고 있는 약사님들이 있겠지만, 상시근로자 수는 약국에서 일하는 하루 평균 근로자 수를 말한다. 모든 근로자가 고정적으로 근무할 경우 상시근로자도 5명이라고 할 수 있지만, 고용된 인원은 5명이더라도 날마다 근무하는 인원이 다른 사업장의 경우 상시근로자 수가 달라진다. 여기서 근로자 수를 계산할 때, 약국장 본인은 제외된다.

5인 이상 사업장은 평균적으로 해당 사업장에서 근무하는 근로자가 5명 이상인 곳을 의미한다. 평균적으로 근로자가 5명 이상이라는 말은, 전체 근무일수 중에서 직원이 5인 이상 근무한 일자의 비중이 과반이어야 한다는 뜻이다. 상세한 계산 근거는 아래와 같으나, 단순하게 요약하자면 지난 1달간 직원이 5인 이상 근무한 일자의 비중이 50% 이상일 때 5인 이상 사업장에 해당한다고 보면 된다.

$$\text{◎ 상시근로자 수} = \frac{\text{산정기간 동안 사용한 근로자 연인원}}{\text{산정기간 중 가동일 수}}$$

관련 실무 사례

* 아래 내용은 필자에 의해 임의로 설정된 사례입니다.

지킴약국은 주 6일 영업하고 있으며, 휴무일은 일요일이다.

지킴약국의 2025년 1, 2월의 근무스케줄을 토대로, 아래 두 개의 질문을 고민해보자.

〈1월의 근무스케줄〉

• 1/1~1/15: 총영업일 12일, 근무약사 2명과 직원 1명이 근무함.

• 1/16~1/31: 총영업일 14일, 근무약사 4명과 직원 2명이 근무함.

〈2월의 근무스케줄〉

- 2/1~2/10: 총영업일 9일, 근무약사 4명과 직원 2명이 근무함.

- 2/11~2/29: 총영업일 16일, 근무약사 3명과 직원 1명이 근무함.

[질문1] 지킴약국의 1월 근로기준법상 상시근로자 수는 5명 이상인가?

[답변] 네, 5인 이상 근무한 영업일수가 과반을 차지하므로(총 26일 중 14일) 상시근로자가 5인 이상인 사업장에 해당합니다.

[질문2] 지킴약국의 2월 근로기준법상 상시근로자 수는 5명 이상인가?

[답변] 아니오, 5인 이상 근무한 영업일수가 과반을 차지하지 못하므로(총 25일 중 9일) 상시근로자가 5인 이상인 사업장에 해당하지 않습니다.

3 5인 미만인 약국에도 적용되는 규정

상시근로자 수가 5인 미만(4인 이하)인 사업상과 5인 이상인 약국에 모두 적용되는 대표적인 근로기준법 규정들에 대해 하나씩 살펴보도록 한다.

항목	5인 미만	5인 이상
근로계약서 작성	○	○
최저임금 준수 및 급여명세서 교부		
주휴수당 지급 의무		
퇴직급여제도 설정		
해고 예고		
연장·휴일·야간근로 수당	X	
연차유급휴가		
해고 등의 제한 및 부당해고 등의 구제신청		
근로시간, 연장근로 제한		

1) 근로계약서 작성

- 근로자의 임금, 근로시간, 휴일, 연차유급휴가, 취업 장소와 종사해야 할 업무에 관한 사항 등을 명시할 것
- 기간제근로자, 단시간근로자의 경우에는 근로계약기간 등을 서면으로 명시할 것
- 근로계약서를 미작성할 시 500만원 이하의 벌금

약국장은 근로자와 임금, 소정근로시간, 휴일, 연차유급휴가, 취업의 장소와 종사해야 할 업무에 관한 사항 등을 명시하여 근로계약을 체결해야 하며, 임금의 구성항목·계산방법·지급방법, 소정근로시간, 휴일, 연차유급휴가에 관한 사항은 서면으로 근로계약서를 작성해 근로자에게 교부해야 하고, 기간제근로자의 경우에는 근로계약기간, 단시간근로자의 경우에는 근로계약기간, 근로일 및 근로일별 근로시간에 관한 사항을 서면으로 명시해야 한다. 약국장이 근로계약서를 미작성한 경우에는 500만원 이하의 벌금에 처해질 수 있으며, 기간제 및 단시간근로자의 근로계약서를 미작성한 경우에는 500만원 이하의 벌금이 부과될 수 있다.

관련 실무 사례

[질문사항] 근로계약서에 소정근로시간은 어떻게 적는 건가요?

[답변] 근로자와 합의하신 요일별 출퇴근 시간이 있다면 그 요일과 시간을 기재해 주시면 됩니다. 4시간을 일하면 휴게시간 30분이 주어집니다.
아울러, 상시근로자 수가 5인 이상인 약국은 소정근로시간이 주 최대 52시간까지 가능합니다. 만일 이를 어길 시 2년 이하의 징역 또는 2천만원 이하의 벌금에 처해집니다.

* 연장근로는 휴일근로를 포함해 12시간까지, 주 최대 52시간까지 가능합니다. 어기면 형사처벌의 대상이 될 수 있습니다.

2) 최저임금 준수 및 급여명세서 교부

- 최저임금은 모든 사업장에 적용되며, 이를 어길 경우 3년 이하의 징역 또는 2천만원 이하의 벌금이 부과됨.
- 근로자에게 임금을 지급하는 때에는 근로자에게 임금의 구성항목·계산방법, 공제 내역 등에 관한 사항을 적은 급여명세서를 서면으로 교부할 것
- 급여명세서를 미교부할 시 500만원 이하의 벌금

「최저임금법」은 상시 사용하는 근로자 수와 관계없이 모든 사업 또는 사업장에 적용되므로, 소규모 사업장에서 근로하는 근로자에게도 최저임금 이상을 지급해야 한다. 최저임금액 이상의 임금을 지급하지 아니한 경우 3년 이하의 징역 또는 2천만원 이하의 벌금 등 형사처벌 대상이 되므로 이를 주의해야 한다.

또한 근로자에게 임금을 지급하는 때에는 근로자에게 임금의 구성항목·계산방법, 공제 내역 등에 관한 사항을 적은 급여명세서를 서면으로 교부해야 한다. 약국장이 급여명세서를 교부하지 않은 경우에는 500만원 이하의 벌금이 부과될 수 있다.

관련 실무 사례

[질문사항] 2025년 최저시급은 얼마이며, 주휴수당까지 포함할 시 얼마인가요?

[답변] 2025년 기준으로 최저시급은 10,030원이며, 여기에 주휴수당까지 포함하면 최저시급은 12,036원입니다.

3) 주휴수당 지급

- 근로자가 1주 동안의 소정근로일을 개근한 경우에는 유급휴일로 보장해야 하며, 이 유급휴일에 근로자가 받는 것을 주휴수당이라고 함.
- 주휴수당 계산방법: 1일 소정근로시간 × 시간당 통상임금
- 주휴수당 미지급 시 2년 이하 징역 또는 2,000만원 이하의 벌금

1주 15시간 이상을 근무하기로 한 근로자가 1주 동안의 소정근로일을 개근한 경우에는 유급휴일을 보장해야 하며, 이 유급휴일에 근로자가 받게 되는 1일분의 임금을 주휴수당이라고 한다. 예컨대 1주 동안의 소정근로일이 5일인 근로자가 5일 모두 개근하였다면 1일 소정근로시간에 시간당 통상임금을 곱하여 주휴수당으로 지급해야 한다. 약국장이 주휴수당을 지급하지 않은 경우에는 2년 이하의 징역 또는 2,000만원 이하의 벌금에 처해질 수 있다.

> **관련 실무 사례 1**
>
> [질문사항] 세후 금액기준으로 계약한 근로자에게도 주휴수당이 지급되어야 하나요?
>
> [답변] 예, 그렇습니다. 세전·세후계약과는 무관하게 주휴수당은 지급되어야 합니다. 주휴수당은 근로기준법에서 정하는 내용이며, 세전·세후 계약은 그저 약국장과 근로자 간 계약의 형태일 뿐입니다. 따라서 근로자와의 계약형태가 세전·세후인지 여부와는 무관하게, 1주 15시간 이상을 근무하는 근로자가 1주간 소정근로일을 개근했다면 주휴수당은 지급되어야 합니다.

[질문사항] 매번 급여 지급 때마다 기본급에 주휴수당까지 계산해야 한다니 번거로울 것 같은데, 이를 좀 더 간편하게 할 수 있는 방법이 없을까요?

[답변] 실무상 '주휴수당 포함 기본급'으로 근로자와 계약하는 방법이 있습니다. 다만 이 경우 근로계약서에 기본급에 주휴수당이 모두 포함되어 있음을 명시하는 것이 권고됩니다.

※ 근로개선정책과-2617 행정해석에서는 주휴수당이 포함된 일금을 99다 2881 대법원 판결을 인용하여 근로자에게 불이익이 없고 제반 사정에 비추어 정당하다고 인정될 경우 포괄임금제로서 무효가 아니라고 회시하고 있어 주휴수당 포함 시급 또한 포괄임금제의 일종이라고 볼 수 있습니다.

[질문사항] 프리랜서(3.3% 사업소득)로 일하는 파트약사님에게도 주휴수당의 지급이 고려되어야 하나요?

[답변] 프리랜서의 경우 법적으로는 근로자가 아니지만 실제 근로형태가 근로자일 경우에는 주 근무시간이 15시간 넘을 때 주휴수당을 지급해야 합니다. 약국장과 프리랜서의 관계가 종속적이며, 약국이 정한 업무 스케줄(시간, 장소)에 따라 업무를 진행했고 약국이 정한 복무규칙을 따라야 했다면, 프리랜서로 계약했더라도 근로자로 보아 근로기준법이 적용됩니다.

따라서 만일 프리랜서 직원에게 최저임금에 근접한 금액을 지급하게 될 경우, 주휴수당까지 모두 고려한 금액으로 재산정하여 지급되어야 합니다.

4) 퇴직급여

- 1년 이상 근무한 근로자에 한해서 30일분 이상의 평균임금을 퇴직금으로 지급해야 함(퇴직일로부터 14일 이내).
- 퇴직급여 미지급 시 3년 이하 징역 또는 3,000만원 이하의 벌금

「근로자퇴직급여 보장법」은 상시 사용하는 근로자 수와 관계없이 모든 사업 또는 사업장에 적용되므로, 약국장은 퇴직하는 근로자에게 급여를 지급하기 위하여 퇴직급여제도 중 하나 이상의 제도를 설정해야 하고, 퇴직금제도를 설정한 약국장은 근로자의 계속근로기간 1년에 대하여 30일분 이상의 평균임금을 퇴직금으로 퇴직일로부터 14일 이내에 근로자에게 지급해야 한다. 약국장이 퇴직금을 지급하지 않은 경우에는 3년 이하의 징역 또는 3,000만원 이하의 벌금에 처해질 수 있다.

5) 해고 예고

- (3개월 이상 근무한)근로자를 해고할 때에는 적어도 30일 전에 해고를 예고해야 함.
- 해고 예고를 하지 않은 때에는 30일분의 통상임금을 해고예고수당으로 지급해야 함.
- 해고예고수당 미지급한 경우에는 2년 이하 징역 또는 2,000만원 이하의 벌금

상시 5인 미만의 근로자를 사용하는 사업장의 경우 「근로기준법」 제23조(해고 등의 제한)는 적용되지 않지만, 근로자를 해고하는 경우에는 적어도 30일 전에 해고의 예고를 하여야 하고, 해고 예고를 하지 않은 때에는 30일분의 통상임금을 해고예고수당으로 지급해야 한다. 다만, 근로자가

계속 근로한 기간이 3개월 미만인 경우, 천재·사변·그 밖의 부득이한 사유로 사업을 계속하는 것이 불가능한 경우, 근로자가 고의로 사업에 막대한 지장을 초래하거나 재산상 손해를 끼친 경우에는 해고의 예고 적용이 제외된다. 약국장이 해고의 예고를 하지 않거나 해고예고수당을 지급하지 않은 경우에는 2년 이하의 징역 또는 2천만원 이하의 벌금에 처해질 수 있다.

4 5인 이상인 약국에만 적용되는 규정

상시근로자 수가 5인 이상인 사업장에만 적용되는 근로기준법 규정
1. 연장·휴일·야간 가산수당
2. 연차휴가
3. 해고 등의 제한 및 부당해고 구제신청
4. 근로시간 및 연장근로의 제한

상시근로자 수가 5인 이상인 사업장에만 적용되는 근로기준법 규정들에 대해 살펴보자. 5인 이상 사업장에만 모든 근로기준법을 적용한 것은 소규모 사업장의 특성상 영세한 경우가 많기 때문에 근로법을 완화시켜 수월한 사업을 운영할 수 있도록 지원하는 취지도 있다. 즉, 5인 이상 사업장이라면 5인 미만 사업장 대비 근로기준법의 적용이 엄격해진다. 직원이 네 명에서 다섯 명으로 늘어날 경우 사람은 한 명 늘었을 뿐이지만 사업주인 약국장이 지켜야 하는 근로기준법 규정은 확연히 늘어난다.

5인 이상 사업장에만 근로기준법이 적용되는 대표적인 항목들을 아래에 열거하였다.

1) 연장·휴일·야간 가산수당

5인 이상 사업장에서 일하는 근로자의 경우 연장근로, 야간근로, 휴일근로를 했다면 이에 대한 추가적인 임금을 제공받아야 한다. 이때 추가적인 임금은 항목에 따라 통상임금의 50% 이상이 되며, 계약된 급여에 이러한 수당들을 더하여 지급받아야 한다.

각 수당 항목별 상세내용은 아래와 같다.

구분	내용	가산율
연장근로수당	법정근로시간 또는 근로계약서상 근로시간을 초과하여 근무할 시	통상임금의 50%
휴일근로수당	법정휴일이나 근로자와 합의된 휴일에 근무할 시	8시간 이내 50% 8시간 초과 시 100%
야간근로수당	오후 10시부터 오전 6시 사이에 근무할 시	통상임금의 50%

반면에 상시근로자 5인 미만 사업장의 경우 「관공서의 공휴일에 관한 규정」에서 정하는 공휴일 및 대체공휴일을 유급휴일로 보장하지 않아도 된다. 또한 법정 근로시간을 초과하여 근로하는 경우 지급해야 하는 연장근로 가산수당, 법정 또는 약정 휴일에 근로하는 경우 지급해야 하는 휴일근로 가산수당, 오후 10시부터 다음 날 오전 6시 사이에 근로하는 경우 지급해야 하는 야간근로 가산수당을 지급하지 않아도 된다.

2) 연차휴가

상시근로자 5인 이상 사업장의 경우 사업주는 1년간 80% 이상 출근한 근로자에게 15일의(계속근로연수에 따라 가산휴가 부여) 연차유급휴가를 주어야 하고, 계속하여 근로한 기간이 1년 미만인 근로자 또는 1년간 80% 미만 출근한 근로자에게 1개월 개근 시 1일의 연차유급휴가를 주어야 한다. 그러나 상시근로자 5인 미만 사업장의 경우 연차유급휴가를 부여하지 않아도 된다.

3) 해고 등의 제한 및 부당해고 구제신청

상시근로자 5인 이상 사업장의 경우 사업주는 근로자에게 정당한 이유 없이 해고, 휴직, 정직, 전직, 감봉, 그 밖의 징벌을 하지 못하고, 사업주로부터 부당해고 등을 당한 근로자는 노동위원회에 부당해고등 구제를 신청할 수 있다. 그러나 상시근로자 5인 미만 사업장의 경우 해고 등의 제한이 적용되지 않고, 상시근로자 5인 미만의 사업장에서 근무하였던 근로자는 부당해고등 구제를 신청할 수 없다(근로자가 부당해고등 구제를 신청하더라도 각하된다).

4) 근로시간, 연장근로의 제한

5인 이상 사업장의 경우 법에 따라 근로자가 일주일에 일할 수 있는 근로시간이 정해져 있다. 40시간의 법정근로시간에 12시간의 연장근로를 더해 일주일에 최대 52시간까지만 일할 수 있으며, 만일 이를 어길 시 2년 이하의 징역 또는 2천만원 이하의 벌금에 처해진다.

반면에 상시근로자 5인 미만의 사업장의 경우 「근로기준법」 제50조(근로시간), 「근로기준법」 제53조(연장근로의 제한)가 적용되지 않는다. 따라서 당사자 간 합의하면 1주 12시간을 초과하여 연장근로가 가능하다. 다만 18세 미만의 근로자인 경우 1일 1시간, 1주 5시간 한도로 연장근로가 가능하고(「근로기준법」 제69조), 임신 중인 여성 근로자의 경우 연장근로가 금지되며(「근로기준법」 제74조 제5항), 산후 1년이 경과하지 않은 여성 근로자의 경우 1일 2시간, 1주 6시간, 1년 150시간을 초과하여 연장근로가 금지되므로 유의해야 한다.

- "근로자"란 근무약사나 직원을 의미하고, "사용자"란 약국장을 의미한다.

- 근로기준법을 위반할 시, 약국장은 형사처벌(징역 또는 벌금) 대상이 될 수 있다.

- 상시근로자 수가 5인 미만이냐, 5인 이상이냐에 따라 적용되는 규정이 달라진다.

- 5인 미만 약국의 경우에는, 아래 사항들을 반드시 유의해야 한다.
  - 근로계약서에 필요사항을 기재하여 근로자에게 교부해야 함. 미작성 시 500만원 이하의 벌금이 부과됨.
  - 최저임금보다 낮은 금액을 지급할 경우 3년 이하의 징역 또는 2천만원 이하의 벌금이 부과됨.
  - 급여명세서를 근로자에게 교부해야 함. 미교부 시 500만원 이하의 벌금
  - 근로자가 1주 동안의 소정근로일을 개근한 경우 주휴수당을 지급해야 함. 미지급 시 2년 이하 징역 또는 2,000만원 이하의 벌금
  - 1년 이상 근무한 근로자에 한해서 30일분 이상의 평균임금을 퇴직금으로 지급해야 함. 미지급 시 3년 이하 징역 또는 3,000만원 이하의 벌금
  - (3개월 이상 근무한)근로자를 해고할 때에는 적어도 30일 전에 해고를 예고해야 하며 이를 누락할 시 30일분의 해고예고수당을 지급해야 함. 미지급한 경우에는 2년 이하 징역 또는 2,000만원 이하의 벌금

- 5인 이상 약국의 경우에는, 위의 5인 미만 약국 유의사항에 더하여 아래 4가지 항목들을 추가로 준수해야 한다.
  - 근로자가 연장근로·휴일근로·야간근로를 수행하였다면, 약국장은 근로자에게 각 근로수당별 가산율에 따라 추가수당을 지급해야 함.
  - 1년간 80% 이상 출근한 근로자에게 15일의 연차를, 계속하여 근로한 기간이 1년 미만인 근로자에게는 1개월 개근 시 1일의 연차유급휴가를 지급해야 함.
  - 정당한 이유 없이 해고하지 못하며 근로자는 부당해고 구제 신청 가능함.
  - 약국장은 1명의 근로자로부터 최대 주 52시간까지만 근로를 제공받을 수 있음.

직원을 채용할 때 신고 및
제출해야 할 사항

　법적으로 약국은 근로자 고용 시 국세청에 급여지급내용 신고와 더불어 국민연금, 건강보험, 고용보험과 산재보험에 가입해야 하고, 근로소득 지급명세서를 제출해야 한다. 아울러, 약사를 고용할 때에는 건강보험심사평가원에도 신고가 이루어져야 한다. 이번 장에서는 직원을 채용할 때 신고 및 제출해야 할 사항에 대해 알아보도록 한다.

1. 급여내용 신고(갑근세): 국세청에 신고 필요

2. 4대보험 신고: 각 4대보험 공단에 신고 필요

3. 근로소득 지급명세서 제출: 국세청에 제출 필요

4. 상근약사·비상근약사 신고: 건강보험심사평가원에 신고 필요

1 급여지급내용 신고(갑근세)

『 갑근세란? 』

약국장이 직원에게 급여를 지급할 때 이에 대한
소득세를 원천징수하여 약국장이 세무서에 납부하는 세금

약국장은 근로자의 인건비를 법적으로 인정받기 위해서 매달 국세청에 급여지급내용을 신고하고 소득세를 납부해야 하는데, 이를 갑근세 신고라 한다. 갑근세는 약국장이 약국 직원에게 급여를 지급할 때 이에 대한 소득세를 원천징수하여 약국장이 세무서에 납부하는 세금을 말한다.

원칙적으로 갑근세는 매월 10일에 세무서에 신고 및 납부해야 한다. 해당 신고 내용에는 직원들에게 지급한 급여내용이 포함되며, 국세청 홈택스 웹사이트나 정해진 양식의 서면자료를 통해서 신고가 이루어진다.

다만 직전 연도 상시 고용인원이 20인 이하인 약국의 경우에는, 매월 10일이 아니라 반기별(6개월 단위)로 신고할 수 있도록 "반기별 납부특례 제도"가 있다. 직전 연도 상시 고용인원이 20인 이하인 약국은 원천징수대상 소득에 대한 승인을 관할 세무서장으로부터 얻을 시 반기별 납부가

가능하다. 원천징수세액 반기별 납부를 적용받기 위해서는 약국장이 신청하려는 반기의 직전월의 1일부터 말일까지 관할 세무서에 신청하여야 한다. 신청을 받은 관할 세무서는 신청자의 원천징수세액 신고·납부의 성실도 등을 고려하여 승인 여부를 결정한 후 신청일이 속하는 반기의 다음 달 말일까지 이를 통지하여야 한다.

2 근로자 4대보험 신고

약국장이 직원을 채용하면, 4대보험 취득신고를 해야 한다. 국민연금, 건강보험, 고용보험, 산재보험에 대해서 근로자가 직장가입자 자격을 얻도록 공단에 신고해야 하는데, 이를 "사업장(직장)가입자 자격취득신고"라 한다.

4대보험: 국민연금 + 건강보험 + 고용보험 + 산재보험

• 국민연금, 고용보험, 산재보험은 고용일이 속한 달의 15일까지 신고
• 건강보험은 입사일로부터 14일 이내에 신고

건강보험은 입사일로부터 14일 이내에 신고되어야 하고, 국민연금, 고용보험, 산재보험의 신고기한은 고용일이 속한 달의 다음 달 15일까지 신고하여야 한다. 건강보험과 그 외 4대보험의 신고기한이 다르나, 보통은 한 번의 공통신고로 모두 처리하기 때문에 실무상 신고기한은 고용일로부터 14일 이내가 된다.

모든 근로자가 모두 다 4대보험에 직장가입자로 가입되어야 하는 것은 아니며, 각 4대보험마다 가입요건을 만족하는 사람에 한해 직장가입자로

가입할 수 있다. 4대보험별 가입요건은 언뜻 유사해 보이지만 자세히 보면 서로 다르다. 국민연금법 등 관련 법률에서 각 4대보험의 가입요건을 각각 정의하고 있으며, 이를 모두 통합한 뒤 대표적인 구분 기준들만으로 표를 만들면 아래와 같다.

▶▶ 근로자 유형별 4대보험 가입 여부

총 근로기간	월 근무시간	월 근무일수	국민 연금[1]	건강 보험	고용 보험[2],[3]	산재 보험
1개월 미만 (=일용직)	시간 무관	일수 무관	X	X	○	○
1개월 이상 3개월 미만	60시간 미만	8일 미만	X[4]	X	X	○
		8일 이상	○	X	X	○
	60시간 이상	일수 무관	○	○	○	○
3개월 이상	60시간 미만	8일 미만	X[4]	X	○	○
		8일 이상	○	X	○	○
	60시간 이상	일수 무관	○	○	○	○

1) 국민연금은 만 60세 이상은 가입 제한. 단, 근로자가 원할 경우 임의 계속가입 가능
2) 고용보험은 대표자(약국장)의 동거하는 친족일 경우 가입 불가
3) 만 18세~만 65세까지 신규가입 가능함. 만 65세 이후부터는 납부 의무 없음.
4) 1개월 동안의 소득이 220만원 이상인 사람은 국민연금 가입 대상

위 표에서 "○"로 표시된 근로자 유형은 해당 4대보험에 가입해야 한다. 여기서 가입 "해야 한다"는 뜻은, 4대보험을 사용자 임의로 선택가입할 수 없다는 이야기이다. 실무에서는 사업주들의 "부담해야 하는 금액이 아까워서 그런데, 4대보험신고를 안 하면 안 될까요?"라는 질문을 많이 받게 된다. 원칙적인 답변은 "근로형태를 바꾸지 않는 이상, 4대보험신고를 일부러 안 하는 건 어렵습니다."이다. 혹여 일부러 신고를 미루거나 누락했다

고 하면, 나중에 해당 공단에서 이를 알아내어 공문을 보내온다. 그러면 "공문 올 때까지 버티면 되지 않겠는가?"라고 생각할 수 있지만, 4대보험의 지연신고는 과태료 등 불이익이 많으며 또한 미신고한 기간의 4대보험료와 연체료가 소급되어 부과된다. 그러므로 약국장들은 4대보험 가입은 선택이 아닌 필수 사항이라는 점을 기억하고, 당초 채용시점부터 근로자의 근무유형과 4대보험의 가입조건을 따져볼 필요가 있다.

┌─ **관련 실무 사례 1** ▌
│
│ [질문사항] 약국을 개업하게 되면 1인 약국으로 운영한다고 했을 때, 건강보험과
│   국민연금은 어떻게 진행되나요?
│ [답변] 직원없이 1인 약국으로 운영하실 경우 건강보험과 국민연금은 지역가입자
│   로 납부하시게 됩니다.

일용직(1개월 미만으로 고용되는 근로자)은 고용보험취득신고 대신 근로내용확인신고를 제출하는데, 그 신고기한은 일용직에게 급여를 지급한 날의 다음 달 15일까지이다. 일용직이 고용보험을 가입할 때는 신고의 종류만 달라질 뿐, 신고기한은 동일하다.

┌─ **관련 실무 사례 2** ▌
│
│ [질문사항] 근무약사 일용직 문의드립니다. 파트약사님 구하기가 어려워서 주 1
│   회 근무하는 약사님을 따로따로 2명 쓰게 될거 같은데요, 두분 다 다른 약국에
│   서 4대보험 신고하시는 분들이라 일용직으로 신고하시길 원하십니다. 계속 일
│   용직으로 신고해도 별문제가 없을까요?
│ [답변] 일용으로 신고를 원하시면 가능합니다. 다만 세법상 일용직은 연속 2개월
│   까지 신고가 가능하기 때문에 3개월 이상 일용으로 신고할 시 나중에 세무서에
│   서 수정신고 해야 하는 경우가 발생할 수 있습니다. 그리고 일용이더라도 4대보
│   험 면제대상은 아닙니다. 고용보험은 의무 가입이고, 국민연금과 건강보험의 경

우 1개월 이상 고용하면서 월 8일 이상이거나 60시간 이상 근무할 시 가입대상
이 되기 때문에 신고내역에 따라 공단에서 가입안내가 올 수 있습니다.

3 근로자 지급명세서 제출

상시근로자를 고용하는 약국장은 매 월마다 진행되는 원천세 신고에
더하여, 추가로 각 근로자별로 지급명세서 제출을 해야 한다. 원천세를
신고·납부하게 되면 국세청에서는 한 사업장에서 지급한 급여의 총액이
얼마이고, 몇 명에게 지급했는지, 그리고 소득세(원천징수세액)가 얼마인
지 알 수 있다. 하지만 이 사실만으로는 누구에게 얼마만큼의 급여를 각각
지급했는지는 세세히 알 수가 없다. 그래서 제출하는 것이 각 근로자별
인적정보가 기재된 지급명세서이다.

고용하는 근로자 유형별로 제출해야 하는 지급명세서의 내용은 아래와
같다.

상시 근로자	1년에 3번 **간이지급명세서 2번 + 지급명세서 1번**, 반기당 1회씩 **간이지급 명세서**를 제출 및 1년에 1회 **근로소득 지급명세서**를 국세청에 제출
일용근로 소득자	1년에 12번(매월 말일), 다만 **근로내용확인신고서를 제출**하면서 국세청 통합신고한 경우에는 **일용근로소득 지급명세서 제출 생략** 가능

4 건강보험심사평가원 등록

건강보험심사평가원에는 고용하는 약사의 근무형태나 근무시간에 따라
상근, 비상근, 기타로 분류하여 신고해야 한다.

›› 건강보험심사평가원 신고 구분

구분	근무내용	차등수가 산정인원
상근약사	주 5일 이상 근무하면서 주 40시간 이상 근무하는 경우	1인
비상근약사	주 3일 이상 근무하면서 주 20시간 이상 근무하는 경우	0.5인
기타	주 3일 미만 또는 주 20시간 미만 근무자의 경우	포함되지 않음

위 표에서는 상근약사·비상근약사·기타의 구분에 따라 차등수가 산정 인원이 달라지게 된다. 즉, 근무시간에 따른 차등수가가 달리 반영된다. 차등수가란 약사 1인당 1일 평균 환자 수를 75명으로 제한하고, 이를 넘을 경우 조제료를 삭감하는 제도이다. 상근약사로 신고하는 경우 차등수가 산정 인원을 1인으로 하지만 그 외의 경우에는 비상근약사는 0.5인, 기타는 산정 인원에 포함되지 않는다. 즉, 상근약사의 경우 1일당 75건 조제까지 조제료 100%를 지급하고, 인원이 그 이상으로 넘어가면 조제료를 삭감하게 되는 것이다. 따라서 심사평가원에 근무약사의 근무시간을 신고하는 목적은 차등수가 반영을 위함이다.

통상 건강보험심사평가원에 상근약사로 신고하고 세무서에 시중 평균 약사의 급여를 신고하는 경우가 많다. 실제로 시중 평균 약사의 급여를 상근약사에게 지급하는 경우도 있지만, 상당수의 약국장이 4대보험료의 비용 부담을 줄이기 위해 실제 약사에게 지급되는 급여보다 낮게 신고하는 경우가 있다. 이렇게 신고할 경우, 심사평가원의 소명을 요구받을 수 있으므로 어느 정도 합리적이어야 한다. 상근약사의 경우 주 40시간을 일하는데, 시중 평균 약사의 급여를 받게 된다면 급여 수준이 합리적이지 못하다. 이러한 판단을 심사평가원 측에서 하게 되면 그들은 통장사본, 근무내역 등을 확인하며 차등수가 적용의 적정성을 검증한다. 이 과정에서 신고 내용과 다른 사실이 나오면 벌금이나 영업정지 등의 처벌을 받게 된다.

간혹, 몇몇 약국에서 4대보험에 가입하지 않고 비상근약사를 심사평가 원에 신고하는 경우가 있다. 법적으로 한달에 8일 이상, 60시간 이상 근무 하는 경우 4대보험 의무가입대상이다. 그 때문에 만약 20시간 이상 일하 는 경우 비상근약사도 4대보험 가입대상에 해당한다.

정리하자면, 약국장은 세무서나 건강보험공단에 근무약사의 급여총액 을 신고할 때 유의할 점은 두 가지이다. 첫째로는 합리적인 급여액으로 신고할 것, 둘째로는 주 20시간 이상 근무하는 비상근약사도 4대보험에 가입할 것이다.

관련 실무 사례

* 본 사례는 건강보험심사평가원 내 주요질의응답에서 발췌하였다.

〈질의〉

1. 심평원에 약사인력 신고는 0.5명, 1명 이렇게 0.5명 단위만 가능한 것인가?

2. 개설 약사가 자신을 심평원에 0.5명으로 신고하는 것은 가능한가?

3. 개설 약사가 7시 퇴근 후 심야에, 혹은 주말이나 휴일에 다른 약국에서 조제나 복약을 하는 것이 가능한가?

4. 수입이 너무 적은 약국을 개설하고 있는 약사들은 평일 야간이나 주말에 다른 약국에서 아르바이트를 하지 않을 수 없는 상황임. 따라서 개설 약사가 자신을 0.5명으로 신고하고, 다른 약국에서 심야나 주말에 아르바이트할 때 나머지 0.5를 쓰는 수밖에 없는데, 이는 가능한 것인가?

〈답변〉

• 차등수가 관련적용대상 약사의 수는 국민건강보험법 시행규칙 제12조 제3항

근로자를 고용할 때 신고·제출할 사항은 아래와 같다.

1. 급여내용 신고(갑근세): 국세청에 신고 필요
   - 약국장은 매월 10일에 근로자의 인건비를 법적으로 인정받기 위해서 매달 국세청에 급여지급내용을 신고하고 원천징수한 소득세를 납부해야 한다.
   - 원천징수란 수입을 지급하는 자(고용주)가 소득을 지급받는 자(근로자)에게 소득을 지급할 때 세금을 미리 떼어서 대신 납부하는 제도이다.
   - 직전 연도 상시 고용인원이 20인 이하인 약국의 경우에는, 매월 10일이 아니라 반기별(6개월 단위)로 신고할 수 있도록 "반기별 납부특례제도"가 있다.

2. 4대보험 신고: 요건 충족하는 근로자를 기한 내에 신고 필요
   - 건강보험은 입사일로부터 14일 이내에, 국민연금, 고용보험, 산재보험의 신고기한은 고용일이 속한 달의 다음 달 15일까지 신고하여야 한다.
   - 월 60시간, 월 8일 이상 등 4대보험별로 가입요건이 조금씩 다르며, 각 4대보험별 요건에 만족할 시 해당 4대보험에 등록이 되어야 한다.
   - 일용직 또한 4대보험 가입 대상이며, 계약 근무기간 및 근무스케줄에 맞추어 4대보험이 등록되어야 한다.

3. 근로소득 지급명세서 제출: 국세청에 제출 필요
   - 상시근로자: 1년에 간이지급명세서 2번+지급명세서 1번
   - 일용근로자: 1년에 12번(매월 말일)

4. 상근약사·비상근약사 신고: 건강보험심사평가원에 신고 필요
   - 심사평가원에 등록된 약사는 세무상으로도 합리적인 급여액만큼 급여지급 신고가 이루어져야 하며, 실제보다 낮게 신고될 경우 소명요청을 받을 수 있다.
   - 4대보험에 가입하지 않고 비상근약사를 심사평가원에 신고하는 경우가 있는데, 이 역시 추후 4대보험공단에서 소급하여 납부고지서가 올 수 있다.
   - 20시간 이상 일하는 경우 비상근약사도 4대보험 가입대상에 해당된다.

직원에게 지급되는 급여의 종류

　근로자에게 지급되는 급여는 실제로 매월 지급되는 고정급여 외에도, 각종 여러 가지 명목으로 현물이나 화폐로 지급되는 항목들이 모두 포함된다. 또한 그중에는 근로소득으로 과세되지 않는 급여들도 있어, 이러한 비과세 항목을 어떻게 구성하느냐에 따라 근로자의 소득세 부담이 달라진다. 이번 장에서는 급여의 종류와 비과세에 대해 알아보도록 한다.

1 인건비의 범위

인건비는 지급형태, 방법, 지급 시기와 관계없이 약국이 직원에게 근로의 제공 대가로 지급하는 모든 비용으로 봉급, 급여, 보수, 임금, 상여금, 퇴직금 등이 포함된다. 또한 지급 형태와 방법과 관계없으므로 부채의 대신 상환, 현물 지급도 인건비에 포함될 수 있다.

봉급, 급여, 보수, 임금, 상여금, 퇴직금 등 포함
실질적인 급여 외에도 8가지의 급여 존재

① 종업원이 받는 공로금, 위로금, 개업 축하금, 학자금, 종업원의 자녀가 받는 학자금, 장학금 등
② 무상으로 종업원의 주택구매 또는 임차에 드는 자금을 받음으로써 생기는 이익
③ 주택을 받음으로써 얻는 이익
④ 각종 수당 및 여비 명목으로 받는 정액 급여
⑤ 약국장이 대신 부담해주는 4대보험료
⑥ 종업원이 약국으로부터 받는 종업원 본인의 학자금
⑦ 종업원이 약국으로부터 받은 식사비
⑧ 약국 직원 또는 그 배우자의 출산이나 6세 이하 자녀의 보육과 관련하여 약국장으로부터 받는 금액

실질적인 급여 외에 ① 종업원이 받는 공로금, 위로금, 개업 축하금, 학자금, 종업원의 자녀가 받는 학자금, 장학금 등, ② 무상으로 종업원의 주택구매 또는 임차에 드는 자금을 받음으로써 생기는 이익, ③ 주택을

받음으로써 얻는 이익, ④ 각종 수당 및 여비 명목으로 받는 정액 급여, ⑤ 약국장이 대신 부담해주는 4대보험료 또한 종업원의 급여나 인건비에 포함된다.

그 외에 ⑥ 종업원이 약국으로부터 받는 종업원 본인의 학자금의 경우 인건비에 해당하지만, 해당 종업원에게 근로소득세가 부과되지 않아 약국장이나 근무하는 종업원 모두에게 절세의 측면에서 활용될 수 있다. 단, (i) 약국의 업무와 관련할 것, (ii) 교육기간이 6개월 이상이면 교육훈련 후 당해 교육 기간을 초과하여 근무하지 않은 때에는 받은 금액을 반납할 것, 이 두 가지의 조건하에 받는 것이어야 한다.

그리고 ⑦ 종업원이 약국으로부터 받은 식사비, ⑧ 약국 직원 또는 그 배우자의 출산이나 6세 이하 자녀의 보육과 관련하여 약국장으로부터 받는 금액도 급여에 포함된다. 이때 식사비는 월 20만원, 자녀 보육관련비용은 월 10만원까지만 비과세로 적용되지만, 식사비의 경우 현금으로 받았을 때만 적용된다.

2 인건비 지급할 때 유의할 사항: 비과세

앞서 말한 바와 같이 식대를 현금으로 지급하는 경우에는 급여에 해당하여 '인건비'로 경비처리를 할 수 있다. 인건비로 처리할 시 약사에게 소득세가 부과되는데, 20만원까지는 비과세로 세금을 부과하지 않는다. 따라서 식대는 현금 20만원 이하까지 비과세 급여에 해당되고 그 이상은 과세 급여에 해당되어 20만원이 넘을 시 약국장은 4대보험료를 더 내게 된다. 하지만 식사를 약국에서 제공하는 것(외부 식당에서 식사를 제공하고 식사 값을 약국에서 대신 결제하는 것도 포함)은 급여가 아닌 복리후생에 해당

한다. 이 경우 약국은 '복리후생비'로 경비를 처리하면 되고 약사에게 부과되는 소득세는 없다. 따라서 위 사항들을 고려한 뒤, 약국 운영 실정에 맞추어 식대를 현금으로 지급할지 여부를 결정하면 된다.

관련 실무 사례

[질문사항] 직원 식대를 급여 외에 횟수별로 따로 지급하고 있는데, 이를 급여명세서에 안 적어도 되나요?

[답변] 식사를 제공하신다면 카드사용내역이나 현금영수증내역으로 비용처리를 하고, 따로 현금으로 지급하신다면 급여신고 시 반영하셔야 비용처리가 가능합니다. 20만원까지 비과세로 처리가 가능하고 20만원이 넘는 금액은 과세로 적용됩니다.

앞서 주택을 받는 것 또한 급여에 포함된다고 하였는데, 이 경우 일정한 요건을 갖춘 '주택 제공 이익'은 비과세 급여에 해당하여 약국 측이 부담하는 월세에 대해 경비처리를 해주고 약사에게는 소득세가 부과되지 않는다. 이때, 일정한 요건은 아래와 같다.

① 사택은 주택법상 주택이어야 한다. 이에 해당하는지 여부는 주택 임대차계약 시 공인중개사 등으로부터 미리 확인을 받아야 한다.

② 사용자가 소유한 주택을 무상 또는 저가로 제공하거나, 사용자가 직접 임차한 주택을 무상으로 제공해야 한다.

③ 사용자가 임차주택을 사택으로 제공하는 경우 임대차기간 중에 종업원 등이 전근·퇴근 또는 이사하는 때에 다른 종업원 등이 해당 주택에 입주하는 경우에 한하여 이를 사택으로 본다. 다만, 입주한 종업원 등이 전근·퇴직 또는 이사한 후 해당 사업장의 종업원 등 중에 입주 희망자가 없는 경우, 해당 임차주택의 계약 잔여기간이 1년 이하인 경우로서

주택임대인이 주택임대차계약의 갱신을 거부하는 경우에는 제외한다.

그 외에도 근무약사가 본인 명의의 차량을 운전해 약국 업무 수행을 하는데에 이용한 금액은 20만원 한도로 직원에게는 비과세급여로, 약국장의 입장에서는 인건비로 경비처리가 된다. 또한 근무약사의 6세 이하 자녀에 대한 보육수당은 월 20만원까지 비과세급여에 해당하고, 자녀 수와 관계없으며 맞벌이 부부의 경우 각각 월 20만원씩 혜택을 받을 수 있다.

[질문사항] 근무약사 말고 약국장에게도 동일하게 식대, 차량유지보조금 같은 비과세 수당이 적용되나요?

[답변] 아니요, 약국장에게는 적용되지 않는 항목입니다. 위 수당은 근로소득의 비과세 항목이며, 약국장은 근로자가 아니므로 적용되지 않습니다.

- 인건비는 지급형태, 방법, 지급 시기와 관계없이 근로의 제공 대가로 지급하는 모든 비용으로 봉급, 급여, 보수, 임금, 상여금, 퇴직금 등이 포함된다.

  ① 종업원이 받는 공로금, 위로금, 개업 축하금, 학자금, 종업원의 자녀가 받는 학자금, 장학금 등

  ② 무상으로 종업원의 주택구매 또는 임차에 드는 자금을 받음으로써 생기는 이익

  ③ 주택을 받음으로써 얻는 이익

  ④ 각종 수당 및 여비 명목으로 받는 정액 급여

  ⑤ 약국장이 대신 부담해주는 4대보험료

  ⑥ 종업원이 약국으로부터 받는 종업원 본인의 학자금

  ⑦ 종업원이 약국으로부터 받은 식사비

  ⑧ 약국 직원 또는 그 배우자의 출산이나 6세 이하 자녀의 보육과 관련하여 약국장으로부터 받는 금액

- 위 인건비를 지급할 때, 아래의 조건을 만족할 경우 근로자에게 근로소득으로 과세되지 않는다.

  ① 식대는 현금 20만원 이하까지 비과세 급여에 해당됨. 이를 초과하면 그 초과분에 한해 근로소득으로 인정되며, 현금이 아닌 식사를 제공하고 약국장이 결제하는 형태라면 이 역시 근로소득으로 인정됨.

  ② 고용주 명의로 임차한 주택을 근로자에게 제공할 때 근로소득이 비과세됨. 만일 근로자가 임차계약을 체결하고 고용주가 그 임차료를 대납할 때에는 근로소득에 해당됨.

  ③ 근무약사가 본인 명의의 차량을 운전해 약국 업무 수행을 하는 데에 이용한 금액은 20만원 한도로 직원에게는 비과세됨.

  ④ 근무약사의 6세 이하 자녀에 대한 보육수당은 월 20만원까지 비과세됨.

- 약국장은 비과세 항목으로 급여 항목을 많이 지급할수록, 세후계약 근로자로 인해 대납해야 할 소득세 및 4대보험료를 절감할 수 있다.

약국가의 독특한 급여지급:
세후 계약(순액지급방식)

고용주가 근로자에게 급여를 지급하는 방식은 크게 세전계약(총액지급방식)과 세후계약(순액지급방식) 두 가지로 구분되며, 이는 근로계약을 어떻게 맺는지에 따라 결정된다. 이 중 약국가에서는 주로 세후계약이 적용되며, 약국장이 근로자의 세금과 4대보험을 모두 부담한다는 점에서 여러 이슈들을 야기할 수 있다. 이번 장에서는 세후계약(순액지급방식)의 특징과 이로 인한 이슈들에 대해 알아보도록 한다.

약국장과 근로자가 나눠서 부담하는 총액급여기준 계약의 경우에는 동일한 금액이 약국장의 사업소득으로 이전되었다 할 경우 약국장이 부담해야 할 금액이 도리어 더 커진다.

›› 근로자의 4대보험료 요율

구분	근로자 부담분	사업자(약국장) 부담분
4대보험 합계	근로자 소득의 약 9.39%	근로자 소득의 약 10.6%
국민연금	4.5%	4.5%
건강보험	약 3.99%	약 3.99%
고용보험	0.9%	1.15%
산재보험	–	0.96%

›› 사업자의 4대보험료 요율

구분	요율
4대보험 합계	사업소득의 최소 약 17~20%
국민연금	사업소득의 9%
건강보험	사업소득의 7.99% *직원이 없는 경우 소득, 재산에 따라 지역가입자로 가입
고용보험	희망할 경우 선택가입 *기준보수액(1~7등급 중 선택)의 2.25%
산재보험	희망할 경우 선택가입 *기준보수액(1~12등급 중 선택)의 0.96%

1 세전계약과 세후계약의 차이

근무약사의 급여를 지급하는 방식은 급여 계약의 기준에 따라 두 가지로 나눌 수 있다. 세금과 4대보험을 포함한 금액, 즉 세전 금액을 기준으로 계약한 경우 '총액(GROSS)지급방식'이라 한다. 반대로 세금과 4대보험을 공제한 세후 금액을 기준으로 계약한 경우 '순액(NET)지급방식'이라 한다. 약국가에서는 근무약사 및 약국 직원의 급여를 지급하면서 세금과 4대보험을 약국에서 전적으로 부담하고, 근무약사에게는 매월 일정 금액을 지급하는 '순액지급방식'이 관행처럼 이루어지고 있다.

예를 들어, 세전급여를 300만원 받는 사람 A가 있다고 가정하자. 여기에서 4대보험 30만원, 근로소득세 15만원의 세금이 공제되면 A의 실수령액은 255만원이 된다. 이때, 총액지급방식으로 계약한 경우 계약한 급여는 300만원이 되고, 순액지급방식으로 계약한 경우 계약급여는 255만원이 되는 것이다. 약국에서는 대부분 후자를 선택하여 근무약사는 세후 금액을 급여로 받게 된다. 세후 방식은 사업주가 4대보험료와 세금을 부담하기 때문에 약국장 역시 두 가지를 모두 부담한다.

》 총액지급방식과 순액지급방식의 각 항목별 부담 주체

구분	총액(GROSS)지급방식 (세전)	순액(NET)지급방식 (세후)
근로소득세	근무약사 부담	**약국장** 부담
지방소득세	근무약사 부담	**약국장** 부담
4대보험 근로자부담금	근무약사 부담	**약국장** 부담
4대보험 사업주부담금	약국장 부담	약국장 부담

2 세후 계약 시 약국장이 유의해야 할 사항

- 실제 약국장이 부담하는 4대보험료와 퇴직금의 세부담 증가
- 연말정산 과정에서 분쟁 발생 가능성 증가
- 근로계약서상 세후 급여에 퇴직금이 포함되어 있다고 명시하더라도 이는 불법

세후 금액으로 급여 계약을 한 경우 직원들은 4대보험료와 소득세, 지방세 등을 차감한 금액을 지급받게 되며, 약국장은 계약된 세후 금액을 기준으로 세전급여를 역산하여 국세청 등에 신고하게 된다. 그런데 이때, 세전급여는 4대보험의 요율변경, 4대보험의 기준보수액 변경, 연말정산 시 세금납부액의 변경 등의 이유로 1년에 3~4번 바뀔 수 있다. 따라서 세후금액으로 고정된 금액을 급여로 줄 경우 다양한 이슈가 발생할 수 있다. 그중 대표적인 몇 가지만 아래에 나열해 보았다.

1) 실제 약국장이 부담하는 4대보험료와 퇴직금, 세부담이 커진다.

약국장은 세무서에 급여신고를 해야 할 의무가 있다. 이때, 원칙적으로는 4대보험료와 세금을 포함한 세전 금액으로 신고해야 한다. 즉, 세후 금액으로 급여계약을 한 약국 또한 이 과정에서는 4대보험료와 세금을 포함한 세전 금액을 역순으로 계산하여 신고할 필요가 있는 것이다.

이 과정에서 세후 금액보다 세전 금액이 많아지고 세율이 높아져 약국장이 부담할 세금이 늘어나게 된다. 이러한 현상으로 인해 간혹 몇몇 약국에서는 높아진 세전 금액이 아니라 세후 금액 그 자체로 근무약사의 급여를 신고하는 경우도 있다. 이 경우에는 세금신고의 정확성마저 훼손될 뿐 아니라, 약국장이 실제 지급한 세금과 4대보험료를 약국의 경비로 온전히 처리할 수 없게 되어 절세효과를 누릴 수 없게 된다. 월마다 나가는 세금지

출을 아끼려다 도리어 약국장의 종합소득세 지출이 늘어나는 역효과를 불러오게 된다.

아울러 근무약사나 약국 직원의 퇴직금은 세전 급여를 기준으로 계산된다. 세후 금액으로 계약 시 높아진 세전 급여는 퇴직금이 지급될 때에 다시 한번 약국장에게 부담으로 다가온다. 세전 급여를 기준으로 퇴직금이 계산되므로, 약국장은 실제 지출액 대비 퇴직금이 커짐을 감수해야 한다. 간혹 근로계약서상 계약된 세후 급여를 기준으로 퇴직금이 계산되어야 하는 것은 아니냐는 이슈들이 제기되는데, 최근의 대법원 판례(대법원 2021.6.24. 선고 2016다200200 판결)에서 세후 금액으로 계약하였더라도 고용주(약국장)가 대납한 근로소득세 및 4대보험료까지 모두 포함한 세전 금액을 기준으로 퇴직금이 계산되어야 한다고 판시하였다. 따라서 세전 급여를 기준으로 퇴직금이 산정되어야 하며, 세후 금액을 기준으로 계약한 근로자에게는 생각보다 많은 금액이 퇴직금으로 지출될 수 있다.

┌─ **관련 실무 사례**

* 본 사례는 대법원 판례(대법원 2021.6.24. 선고 2016다200200 판결)를 요약하여 인용하였다.

【판시사항】

[1] 평균임금 산정의 기초가 되는 임금의 범위

[2] 甲이 乙의 병원에서 의사로 근무하면서 급여로 매월 일정액을 지급받되 근로소득세 등을 乙이 대납하기로 하는 근로계약을 체결한 사안에서, 乙이 대납한 근로소득세 등 상당액은 평균임금 산정의 기초가 되는 임금총액에 포함되어야 한다고 한 사례

[1] 평균임금 산정의 기초가 되는 임금총액에는 사용자가 근로의 대상으로 근로자에게 지급하는 일체의 금품으로서, 근로자에게 계속적·정기적으로 지급되고 그 지급에 관하여 사용자에게 지급의무가 지워져 있으면 명칭 여하를 불문하고 모두 포함된다.

[2] 甲이 乙의 병원에서 의사로 근무하면서 급여로 매월 일정액을 지급받되 그에 대하여 부과되는 근로소득세 등을 乙이 대납하기로 하는 근로계약을 체결한 사안에서, 명칭 여하를 불문하고 乙이 대납한 근로소득세 등 상당액은 평균임금 산정의 기초가 되는 임금총액에 포함되어야 하는데도, 甲의 실수령액만을 기초로 평균임금을 산정한 원심판결에 법리오해의 잘못이 있다고 한 사례

→ 과거 고용노동부에서는 근로자의 사회보험료 등을 사용자가 부담하여 보험 징수기관에 대신 지급한 경우에는 동 금품을 퇴직금 산정 기준인 평균임금에 포함하기 어렵다는 입장이었음(근로조건지도과-598, 2008.4.1.).

→ 반면 대법원은 고용노동부의 위 해석과는 달리, 사용자가 근로자의 근로소득세 등을 대납한 금원 역시 임금에 해당하기 때문에 평균임금에 포함되어야 한다고 판단하였음. 대법원은 근로의 대상으로서 계속적·정기적으로 지급되고 그 지급에 관하여 사용자에게 지급의무가 있으면 그 명칭 여하를 불문하고 모두 임금에 포함된다는 기존 법리를 충실하게 따른 것으로 보임.

2) 연말정산 과정에서 분쟁이 일어날 수 있다.

연말정산은 이미 납부한 세금을 다시 계산한 후 최종적으로 올해 납부할 세금을 확인하고 정산하는 것을 말한다. 연말정산 과정을 통해 우리는 결정세액(내가 최종적으로 내야 할 세금의 총합)과 기납부세액(이미 납부한 세금)을 비교하여 세금을 환급받거나 추가로 납부해야 할 수 있다. 이 과정에서 근로소득공제, 종합소득공제, 세액공제 등을 증명해 줄 여러 서류를 제출하여 공제를 받게 되면 결정세액이 줄어 들어 환급받을 수 있다.

순액지급방식으로 계약을 하는 경우 이 과정에서 근무약사의 비협조로

문제가 발생할 수 있다. 만약 총액지급방식이라면, 연말정산과정에서 근로자가 제출하는 각종 소득공제 자료들이 추가로 근로자의 세금에 반영되며, 이는 근로자의 총 납부세금을 줄이는 효과를 가져오므로 근로자들이 매우 적극적으로 소득공제용 자료를 제출한다. 하지만 순액지급방식이라면, 근무약사는 세금은 곧 약국장이 전부 내는 것으로 알고 있을 것이므로, 연말정산 시 소득공제자료를 제출하는 데에 적극적일 만한 유인이 크지 않다. 극단적인 사례를 상정하면, 근무약사가 약국 내 근무기간동안 연말정산자료를 제출하지 않다가 퇴사 후 본인이 종합소득세 신고를 해서 환급받는 경우도 있을 수 있다. 이럴 경우 세금은 약국장이 전부 다 내고, 환급은 근무약사가 가져가는 상황이 발생한다.

근무약사가 협조해 환급세액이 나온 경우에도 환급금의 귀속 문제로 분쟁이 발생할 수 있다. 현재 행정 해석(근로기준정책과-1340, 2015.4.6.)으로는 세후계약의 경우 각종 세금을 사업주가 전액 부담하기로 한 점, 추징금이 발생한 경우 사용자의 회계처리상 과소 납부로 인한 것이므로 사업주가 부담해야 한다는 점 등을 고려하여 추가 납부금이나 환급금은 사업주에 귀속한다고 보고 있다. 하지만, 이는 행정 해석일 뿐 법에 정확한 규정은 없기 때문에 이를 둘러싼 약국장과 근무약사의 분쟁은 늘 존재할 수밖에 없다.

┌─ **관련 실무 사례**

* 본 사례는 행정해석(근로기준정책과-1340, 2015.4.6.)을 요약하여 인용하였다.

[질문사항]

• 근로계약을 체결함에 있어 일정 금액으로 근로계약을 명백히 체결하고 근로자에게 납부 의무가 부여된 사회보험료 및 각종 세금 등을 사용자가 부담하기로 하는 소위 네트 계약 연말정산 환급금이 「근로기준법」 제36조에 따른 기타 금

품에 해당되는지 여부
- 근로자와 사용자가 세후 인정 금액만을 지급받기로 근로계약을 체결한 경우, 원천징수 환급금의 귀속 주체

[답변] 근로자와 사용자 간에 근로계약을 체결함에 있어 일정금액으로 근로계약을 명백히 체결하고 근로자에게 납부 의무가 부여된 사회보험료 및 각종 세금 등을 사용자가 부담하기로 하는 소위 네트(net) 계약을 체결한 경우라면, 동 금품은 그 액수와 관계없이 그 전액을 사용자가 부담하기로 한 점, 추징금이 발생한 경우 이는 사용자의 회계처리상 과소 납부로 인한 것이므로 사용자가 부담하여야 하는 것으로 보이는 점 등을 살펴보면 환급금 또한 사용자의 회계처리상 과다 납부로 인해 발생한 것이므로 법 제36조에 따른 기타금품에 해당한다고 보기 어려울 것임.

→ 일반적인 세전 근로계약의 경우 연말정산 환급금은 근로자에게 귀속되어야 하지만, 예외적으로 세후순액으로 월급여액을 정하고 사회보험료 및 세금 등을 사업자가 부담하기로 한 경우에는 환급분의 귀속 주체는 사업자에게 귀속된다는 의미입니다.

3) 근로계약상 계약된 세후 급여에 퇴직금이 포함되었다고 명시하더라도 이는 불법이다.

순액지급방식으로 근로자와 계약할 시, 계약서상 계약된 연봉은 퇴직금을 포함한 것이라 명시하며 계약서를 작성하는 경우가 있다. 이는 관행처럼 남은 방식인데, 계약상 그렇다 하더라도 법적으로 퇴직금 지급은 강행규정이므로 계약서상 내용은 법적 효력이 없어 추후에 한 번 더 퇴직금을 지급해야 하는 불상사가 생길 수 있다. 앞서 말했듯, 순액지급방식일 시에는 퇴직금 지급액이 약국장의 예상보다 높게 산출될 수 있다. 퇴직금 지급액은 세전 금액 기준으로 계산되기 때문이다.

위와 같은 부작용들에도 불구하고, 약국가에서는 순액지급방식으로 근

무약사 또는 직원의 채용이 이루어지고 있다. 그 이유는 대부분 현실적인 원인에서 기인한다. 근무약사를 채용하기 어려운 환경이거나, 근무약사 입장에서는 세금에 대한 고민을 전혀 할 필요가 없다는 점 등이 그 이유이다. 이로 인해 세후 급여를 기준으로 하는 순액지급방식이 약국가에 기준처럼 통용되고 있다. 다만 이러한 순액지급방식으로 인해 위에 열거한 대표적인 세 가지 문제가 발생할 수 있으며, 약국장들은 신규약사를 채용할 시 위 사항들을 미리 유념할 필요가 있다. 또한 문제가 될만한 상황이 발생한다면, 지체 없이 담당 회계사무소나 노무사무소에 지원요청을 하는 것이 불필요한 시간과 비용의 낭비를 줄일 수 있는 길이다.

- 급여를 지급하는 방식은 급여 계약의 기준에 따라 두 가지로 나뉜다. 약국에서는 근무약사나 직원들에게 주로 순액지급방식으로 계약이 이루어진다.
  ① 총액(GROSS)지급방식: 세금과 4대보험을 포함한 금액, 즉 세전 금액을 기준으로 계약한 경우, 4대보험 근로자부담분 및 세금은 근로자가 부담
  ② 순액(NET)지급방식: 세금과 4대보험을 공제한 세후 금액을 기준으로 계약한 경우, 세금과 4대보험 모두 고용주가 부담

구분	총액(GROSS)지급방식(세전)	순액(NET)지급방식(세후)
근로소득세	근무약사 부담	**약국장** 부담
지방소득세	근무약사 부담	**약국장** 부담
4대보험 근로자부담금	근무약사 부담	**약국장** 부담
4대보험 사업주부담금	약국장 부담	약국장 부담

- 순액지급방식으로 세후로 고정된 금액을 급여로 줄 경우 아래와 같은 이슈가 발생할 수 있다.
  ① 실제 약국장이 부담하는 4대보험료와 퇴직금의 세부담 증가
     근무약사나 약국 직원의 4대보험료와 퇴직금은 근로소득세와 4대보험료를 모두 포함한 세전 급여를 기준으로 계산되므로, 약국장의 예상보다 많은 금액이 4대보험료와 퇴직금으로 지출
  ② 연말정산 과정에서 분쟁 발생 가능성 증가
     연말정산은 이미 납부한 세금을 다시 계산한 후 최종적으로 올해 납부할 세금을 확인하고 정산하는 것으로, 근로자는 본인이 세금부담의 주체가 아니므로 자료제출이 적극적일 만한 유인이 없으며, 환급금이 발생할 시 그 귀속 주체가 누구인지에 대해 분쟁이 일 수 있음.
  ③ 근로계약서상 세후 급여에 퇴직금이 포함되어 있다고 명시하더라도 이는 불법: 법적으로 퇴직금 지급은 강행규정이므로 계약서상 내용은 법적 효력이 없어 추후에 한 번 더 퇴직금을 지급해야 하는 불상사가 생길 수 있음.
- 위와 같은 문제가 발생한다면, 빠르게 전문가에 연락을 취해 도움을 받아야 한다.

직원을 신고하지 않으면 실제로 비용이 절감될까?

　약국에서는 근로자 한 명을 추가하려 할 때마다 근로기준법을 고려해야 하고, 4대보험 사용자 부담분을 부담해야 한다. 게다가 만일 해당 근로자와 순액지급방식으로 근로계약을 맺은 경우에는, 4대보험 근로자부담분과 소득세까지 모두 약국장이 부담하게 된다. 그렇다 보니 약국장 입장에서는 이러한 4대보험과 소득세 부담을 덜어내고자 근로자의 4대보험 및 소득세 신고를 피하려는 경우가 있다. 다만 이렇게 인건비를 제대로 신고하지 않는다 하더라도, 실제로 약국장이 얻게 될 소득금액은 신고를 성실히 한 때와 비교하여 거의 차이가 없다. 언뜻 보면 이해가 가지 않을 수 있지만, 인건비 신고를 하지 않음으로써 아낀 지출금액만큼 약국장의 다른 지출이 증가하기 때문에 총 소득금액에는 차이가 미미해진다. 그 과정과 상세한 이유를 아래에서 자세히 알아보도록 한다.

1 약국장의 4대보험료 부담 증가

근로자의 4대보험료 부담 감소

≫

약국장의 소득금액 증가(비용 감소)

≫

약국장의 4대보험료 부담 증가

근로자의 인건비 신고를 하지 않는다면, 당장은 근로자의 4대보험료 부담을 낮출 수 있다. 다만 약국장의 사업소득 관점에서는, 근로자의 인건비 신고를 하지 않았으니 비용이 줄어들게 되고, 자연스레 매출에서 비용을 차감한 소득금액이 올라가게 된다. 따라서 약국장의 사업소득을 기준으로 부과되는 약국장의 4대보험료 부담이 올라간다.

참고로 약국장의 4대보험료는 2025년 기준으로 사업소득금액의 약 17~20% 선에서 결정되며, 세전 근로자의 4대보험료(약국장 부담분)는 급여의 10.6%로 계산된다. 소득금액에 부과되는 퍼센트만 보더라도, 약국장의 사업소득이 높아질 경우 늘어날 4대보험료 부담이 근로자를 4대보험에 신고할 시 부담할 금액보다 높음을 알 수 있다. 따라서 4대보험료를

2 약국장의 소득세 부담 증가

근로자의 소득세 부담 감소

약국장의 소득금액 증가(비용 감소)

약국장의 세금 부담 증가

근로자의 인건비 신고를 하지 않을 시, 약국장은 향후 종합소득세 신고 때 원칙적으로 근로자의 인건비를 비용으로 처리할 수 없다. 그렇다 보니 약국장의 종합소득세 신고의 기준이 될 사업소득금액이 증가하게 되고, 그 증가분만큼 약국장의 세금부담액도 비례해서 커진다. 참고로 세금은 누진세율제도를 따르고 있어서, 소득금액이 높아질수록 부담할 세금이 급격하게 높아진다. 소득금액이 6천만원일 때에는 약 24%의 세율이 적용되지만, 소득금액이 1억 6천만원일 때에는 약 38%의 세율이 적용된다. 그러므로 약국장이 인건비를 신고하지 않음으로써 그만큼 소득이 높아지게 된다면 세금부담이 예상보다 더 커질 수 있다.

›› 약국장의 소득세율 표(2024년 귀속)

과세표준(≒소득금액)	세율
14,000,000원 이하	6%
14,000,000원 초과 50,000,000원 이하	15%
50,000,000원 초과 88,000,000원 이하	24%
88,000,000원 초과 150,000,000원 이하	35%
150,000,000원 초과 300,000,000원 이하	38%
300,000,000원 초과 500,000,000원 이하	40%
500,000,000원 초과 1,000,000,000원 이하	42%
1,000,000,000원 초과	45%

3 심평원 등록 불가로 인해 약국장의 매출 감소

4대보험 미가입 약사를 심사평가원에 등록할 수 없음

약국의 조제매출액 감소

4대보험에 가입하지 않고 근무약사를 심사평가원에 신고하는 경우, 4대보험 관련 공단에서 이를 확인하여 각 사업장에 4대보험 가입 공문을 보내며 미납된 보험료를 징수한다. 그러므로 만일 4대보험과 인건비 신고를 하지 않겠다고 한다면, 심평원에도 근로약사를 등록해서는 안된다.

다만 심평원에 약사를 등록하지 않는다면, 약국의 조제매출액은 직접적으로 타격을 받는다. 심평원에 등록할 약사의 수가 줄어든다면 차등수가 산정인원이 감소하여 그만큼 약국의 조제매출액 역시 감소하게 될 여지가 크다. 약국이 직원을 채용한다는 건 약국에서 1일당 조제되는 건수가 많다는 것인데, 심평원에 인원을 등록하지 못한다면 인건비 비용을 조금 아끼려다 도리어 매출을 크게 손해보는 결과로 이어질 수 있다.

- 4대보험과 소득세 부담을 줄이려 근로자의 4대보험 및 소득세 신고를 일부러 누락하더라도 실제로 약국장이 얻게 될 소득금액은 거의 동일하다. 그 이유는 아래와 같다.

1. 약국장의 4대보험료 부담 증가: 근로자의 인건비 신고를 하지 않는다면 약국장의 비용 신고액이 줄어들게 되고, 자연스레 매출에서 비용을 차감한 소득금액이 올라가게 됨. 그에 따라 약국장의 사업소득금액을 기준으로 부과되는 약국장의 4대보험료 부담이 올라감.

2. 약국장의 소득세 부담 증가: 약국장이 근로자의 인건비를 비용으로 처리할 수 없다 보니 약국장의 사업소득금액이 증가하게 되고, 그 증가분만큼 약국장의 세금부담액도 비례해서 늘어남. 참고로, 약국장에게 부과되는 세율은 최대 45%까지 적용될 수 있으며 통상적인 약국을 기준으로는 약 20~30%의 세율이 부과됨.

3. 심평원 등록 불가로 인해 약국장의 매출 감소: 약국에서 근무약사를 4대보험에 미가입 상태로 심사평가원에 신고하면, 보험 관련 기관이 이를 적발해 미납 보험료를 징수함. 결국 4대보험 등록 없이는 심평원 등록 또한 불가한데, 등록할 약사 수가 줄면 차등수가 산정인원 감소로 인해 조제매출액도 줄어들 가능성이 큼.

- 위 내용들은 인건비를 절약하려는 시도가 오히려 소득의 감소로 이어질 수 있음을 의미한다.

6

일용직에 관한 여러 오해와 진실

약국장들과 세무상담을 진행하다 보면, 약국가에 실제로 알려진 "일용직"에 대한 내용이 실제 각 법률에서 정하는 "일용직"의 정의 및 자격과 다소 차이가 있음을 확인하게 된다. 어떤 약국장은 일용직이 세금부담이 적다는 소문에 상용 근무약사를 일용직으로 신고할 수 있다고 믿고, 어떤 약국장은 일용직은 곧 4대보험을 내지 않아도 된다고 인식하며, 또 어떤 약국장은 일용직 근무약사와 프리랜서를 같은 것으로 혼동한다. 후술하겠지만, 이러한 내용들은 모두 원칙적으로 사실이 아니다. 이처럼 약국가에서 통용되는 풍문과 전문지식 간 차이가 발생한 데에는, 약국의 실무와 전공지식을 모두 아는 자들 중 아무도 이에 대해 일목요연하게 정리하지 않았기 때문이다. 이에 이번 장에서는 일용직에 대해 약국가에 퍼져 있는 오해를 바로잡고, 일용직에 대한 법적 정의에 대해 설명하고자 한다.

1 일용직의 정의: 4대보험과 세법, 그리고 노동법

| 고용보험법 , 소득세법, 노동법의 정의 |

고용보험법	일용근로자란 1개월 미만 동안 고용된 근로자
소득세법	일용근로자를 동일한 고용주에게 3개월 미만 동안 고용된 근로자
노동법	근로기준법에서는 기간제 근로자와 단시간 근로자를 독립적으로 정의, 이 분류하에서는 기간제 근로자로 분류 가능

일용직은 통상적으로 모든 법률에서 단기간만 근무하는 근로자를 의미한다. 다만 얼마나 단기간까지를 일용직으로 정의하는지에 대해서는 각 법률마다 조금씩 다르다.

먼저 고용보험법에서는, 일용근로자란 1개월 미만 동안 고용된 근로자를 말하고 있다. 고용보험법뿐만 아니라, 4대보험 관련 타법률에서는 통상 고용보험법의 일용직 정의를 준용하여 1개월 미만 고용된 자를 일용직 근로자로 간주한다.

그런데 소득세법에서는, 일용근로자를 동일한 고용주에게 3개월 미만 동안 고용된 근로자로 정하고 있다. 이는 소득세법이 만들어질 당시에 지급조서 제출주기가 3개월이었기 때문에, 이와 동일하게 맞추기 위해

3개월로 정해진 것으로 보인다. 다만 현재 지급조서의 제출주기는 1개월로 단축되었으므로, 향후 세법상 일용근로자의 정의가 달라질 가능성이 아예 없지는 않아 보인다.

또한 노동법의 핵심인 근로기준법에서는 일용직을 명시적으로 정의하지는 않는다. 다만 근로기준법에서는 기간제 근로자와 단시간 근로자를 독립적으로 정의하고 있으며, 일용직은 이 분류하에서는 기간제 근로자로 분류 가능하다.

> 세법과 4대보험에서 일용직의 정의가 다르다 보니, 후술할 '일용직근로자'의 정의는 양쪽에서 모두 일용직으로 분류될 수 있는 '1개월 미만인 근로자'로 한다.

2 일용직의 4대보험

1개월 미만 근로하는 일용직 근로자는 먼저 국민연금과 건강보험의 가입이 면제되나, 고용보험과 산재보험은 가입해야 한다. 단 하루만 근무한 근로자라 하더라도 고용보험과 산재보험은 가입해야 한다. 이는 국가에서 고용 및 산재보험을 통해 고용이 불안정한 일용직 근로자에게도 4대보험의 혜택을 보장하기 위한 조치이다.

1개월을 초과하여 근무하게 될 경우, 각 4대보험 종류별로 가입자격조건이 조금씩 다르다. 그중 약국에 적용될 만한 사항들만 선별하여, 대표적인 기준들을 토대로 표를 만들면 아래와 같다.

▶▶ 근로자 유형별 4대보험 가입 여부

총 근로기간	월 근무시간	월 근무일수	국민 연금[1]	건강 보험	고용 보험[2],[3]	산재 보험
1개월 미만 (=일용직)	시간 무관	일수 무관	X	X	○	○
1개월 이상 3개월 미만	60시간 미만	8일 미만	X[4]	X	X	○
		8일 이상	○	X	X	○
	60시간 이상	일수 무관	○	○	○	○
3개월 이상	60시간 미만	8일 미만	X[4]	X	○	○
		8일 이상	○	X	○	○
	60시간 이상	일수 무관	○	○	○	○

1) 국민연금은 만 60세 이상은 가입제한. 단, 근로자가 원할 경우 임의 계속가입 가능
2) 고용보험은 대표자(약국장)의 동거하는 친족일 경우 가입 불가
3) 만 18세~만 65세까지 신규가입 가능함. 만 65세 이후부터는 납부 의무 없음.
4) 1개월 동안의 소득이 220만원 이상인 사람은 국민연금 가입 대상

3 일용직 근로 약사와 프리랜서 약사의 차이

| 차이 – **근로계약의 여부** |

일용직 근로 약사
N일 단위로 근로계약 및 고용보험과 산재보험 **의무 가입**
일 단위로 **세금 계산**

프리랜서 약사
근로계약 X , 4대보험 추가 지출 X
약국장이 지급할 전체 금액에서 **3.3% 원천징수한 뒤 지급**

　　일용직 근로자와 프리랜서 사업소득자는 비슷하지만 서로 다른 개념이다. 가장 큰 차이는 근로계약 여부이다. 일용직 근로자는 주로 N일 단위로 근로계약이 이루어지지만, 프리랜서는 근로계약을 맺지 않고 독립된 관계

로써 용역을 제공한다. 그러므로 약국장이 일용직으로 단기 근무약사를 고용할 시에는 고용보험과 산재보험을 의무적으로 가입해야 하지만, 프리랜서 약사와 용역계약을 맺었을 시에는 4대보험을 추가로 지출하지 않아도 된다. 또한 일용근로자는 소득세법상 정해진 공식에 따라 일 단위로 세금을 계산하지만, 프리랜서 약사는 약국장이 지급할 전체 금액에서 3.3%만 원천징수한 뒤 지급하면 된다.

일용직 근로약사의 경우 고용보험과 산재보험의 취득신고와 상실신고가 매번 수반되어야 한다. 이러한 실무상의 번거로움을 피하고자 일부 약국장들은 일용직 근로자를 사업소득으로 신고하고 싶어 하나, 일용근로자를 고용하고도 취득신고를 하지 않는다면 과태료가 부과될 수 있다. 그러므로 다소 번거롭더라도 일용직 근로자는 그에 맞게 신고가 이루어져야 하며, 다만 이러한 실무상 차이가 있음을 약국장은 근무약사 채용시점에 미리 확인해 둘 필요가 있다.

관련 실무 사례

[질문사항] 직원을 채용할 계획이 있는데, 프리랜서(3.3% 사업소득)로 채용할 시 근로자가 고용노동부에 문제를 제기할 수 있다고 설명을 들었습니다. 혹시 구체적으로 프리랜서로 채용을 했을 때 추후에 어떤 문제가 발생할 수 있는지 자세한 설명 부탁드립니다.

[답변] 프리랜서의 경우 4대보험 적용 없이 소득세, 지방소득세만 납부하게 되는데, 프리랜서 직원이 퇴사 후 실제 근로자처럼 근무하였으니 실업급여 요청을 위해 공단에 문제를 제기할 경우 여태 지급하였던 급여를 4대보험 적용하여 다시 신고해야 하는 경우가 발생할 수 있습니다.

→ 프리랜서의 경우 법적으로는 근로자가 아니지만 실제 근로형태가 근로자일 경우 프리랜서로 계약했더라도 근로자로 보아 근로기준법이 적용됩니다. 약국장과 프리랜서의 관계가 종속적이며, 약국이 정한 업무 스케줄(시간, 장소)에 따라 업무를 진행했고 약국이 정한 복무규칙을 따라야 했다면, 실질상

근로자로 판단될 여지가 높습니다.

그러므로 근로계약 시 프리랜서로 고용하게 되면 해당 내용 근로자분과 충분히 얘기해보신 후 계약서에 기재하는 방법도 추천드립니다.

4 일용직의 소득세와 연말정산

구분	설명
연말정산	해당 없음.
소득세	일당 15만원 이하는 세금 없음. 계산식 = (일당-15만원) × 6% × 45%

약국장이 상용 근무약사에게는 매월 월급일에 원천징수를 수행하는 것과 달리, 일용직은 매번 급여 지급에 원천징수를 수행한다. 또한 일용직은 상용직과는 달리 연말정산은 하지 않는다. 일용직이 연말정산을 하려면 최소 3개월(작년 12월~올해 2월)은 근무해야 하는데, 이는 1개월 미만으로 근무한다는 일용직 근로자의 정의와 충돌하기 때문에 논리적으로 당연하다.

그리고 일용직 근로자는 상용 근로자보다 세금부담이 낮다. 일용직의 소득세는 일당에서 15만원을 차감한 뒤 그 잔액에 6%를 곱하고, 그 잔액에 다시 통상 45%를 곱해서 계산된다.

▶▶ 일용직의 소득세 계산 산식

일용직의 소득세 = (일당-15만원) × 6% × 45%

이에 따라 일당이 15만원이 넘지 않는다면 일용직에게서 원천징수할 세금은 없다. 그러므로 일용직 근로자 입장에서는 원천세로 지출되는 금액

1

약국장이 알아야 할 부가가치세의 기본

약국에는 대표적으로 세 가지의 세무서 신고사항이 있다. 하나는 원천세 신고, 두 번째는 부가가치세 신고, 세 번째는 종합소득세 신고이다. 이전 파트에서는 약국에서 직원을 채용하고 관리할 때의 노무와 세무를 설명하며 원천세에 대해서도 풀이하였다. 이에 이번 파트에서는 두 번째 대표 신고사항인 부가가치세 신고에 대해 알아보도록 한다.

도 없거나 매우 적고, 약국장 입장에서도 일용직 근로자는 신고를 통해 종합소득세상 비용으로 처리할 수 있어 절세효과를 누릴 수 있다.

5 일용직에 관한 오해 1: 일용직으로 선택해서 신고할 수 있는가?

『 일용직으로 선택해서 신고할 수 있는가? 』

불가능

4대보험: 1개월 미만 근로할 시에만 일용직으로 신고 가능
종합소득세: 3개월 미만 근로할 시에만 일용직으로 신고 가능

일용직 근로자는 국민연금, 건강보험 가입이 면제되다 보니, 일반적인 근무약사를 상용직이 아닌 일용직으로 신고 가능하냐는 약국장들의 문의를 간혹 받게 된다. 결론은, 그럴 수 없다. 일용직인지 아닌지는 약국장이나 회계사무소가 선택할 수 있는 것이 아니다. 만약 그것이 가능했다면, 지금쯤 대한민국의 모든 근로자는 전부 4대보험과 세금부담이 훨씬 낮은 일용직으로 신고되어 있을 것이다.

근무약사를 일용직으로 신고하기 위해서는 관련 법에서 정하는 요건에 맞는 경우에만 가능하다. 즉, 4대보험 관련 신고는 1개월 미만 근로할 시에만 일용직으로 신고 가능하며, 세금을 원천징수할 때에는 3개월 미만 근로할 시에만 일용직으로 신고가 가능하다. 그래도 일용직으로 신고하고 싶다면, 근로계약 자체를 일용직 요건에 맞추어 새롭게 체결해야 하며, 새로운 근로계약서와 실제 근무내용이 일치해야 한다.

6 일용직에 관한 오해 2: 처음 3달은 일용직으로 신고 가능한가?

『 처음 3달은 일용직으로 신고 가능한가? 』

세금(종합소득세 및 지방소득세)에 한정해서는 가능

소득세법에서는 3개월 미만 근로자를 일용근로자
그러므로 처음 3개월이 되기 직전까지는 일용근로자로 신고
그 이후 시점부터는 상용 근로자로 보아 원천징수 및 급여신고 진행

※ 4대보험에 대해서는 불가능하며, 채용시점부터 상용 근로자로서 가입 절차 진행

세금(종합소득세 및 지방소득세)에 한정해서는 가능하다. 소득세법에서는 3개월 미만 근로자를 일용근로자로 본다. 그러므로 처음 3개월이 되기 직전까지는 일용근로자로 신고를 하고, 그 이후 시점부터는 상용 근로자로 보아 원천징수 및 급여신고를 진행하면 된다.

그 진행절차를 예시 사례로 설명하면 아래와 같다.

① 2025년 1월부터 일용근로자로 근무: 1월~3월 일용근로자로 보아 원천징수

② 2025년 4월부터: 3개월 이상 시점부터 일반근로자로 보아 간이세액표로 원천징수

③ 2026년 2월 연말정산: 2025년 1월~12월의 급여액을 합산하여 연말정산

※ 일용근로 동안의 원천징수세액은 기납부세액에 포함하여 차감

다만 4대보험에 대해서는 불가능하다. 4대보험에서는 1개월 미만의 근로자를 일용직으로 처리하고 있으며, 1개월이 초과될 시 특정 요건을 만족하는지 여부에 따라 4대보험 가입 여부가 달라진다. 그러므로 4대보험의 경우에는 처음 3달 동안만 선택적으로 일용직으로 신고할 수는 없고, 당초 채용시점부터 상용 근로자로써 4대보험 가입절차를 진행해야 한다.

7 일용직에 관한 오해 3: 4대보험 가입을 안 해도 되는가?

『 4대보험 가입을 안 해도 되는가? 』

일용직 근로자라 하더라도 고용보험과 산재보험은 가입

※ 1개월 이상 근로할 시 상용 근로자로 보아 4대보험 가입해야 함.

　일용직 근로자라 하더라도 고용보험과 산재보험은 가입해야 한디. 아울러 1개월 이상 근로할 시 4대보험상 일용직이 아닌 상용 근로자로 포함되기 때문에, 각 4대보험 가입요건을 잘 따져서 취득신고를 진행해야 한다.

8 일용직에 관한 오해 4: 심사평가원에 등록을 할 수 있는가?

『 심사평가원에 등록을 할 수 있는가? 』

기타 구분으로 등록 가능하긴 하나,
3개월 이상 계속 근무하는 약사를 등록하는 것이 바람직함.

등록 자체는 가능하나, 4대보험(특히 건강보험)에 가입되어 있지 않은 경우 기타 구분으로 등록되어야 한다. 1개월 미만의 일용직 근로자는 기본적으로 건강보험 가입대상이 아니므로, 심사평가원에는 기타로만 등록이 가능하다. 기타로 등록할 시 약국의 차등수가에 미치는 영향이 없다.

또한 심사평가원에서는 등록된 약국의 면허내역과 약국별 건강보험료 납입내역을 확인하여 각 약국이 알맞게 상근약사, 비상근약사, 기타의 구분에 맞게 등록하였는지를 주기적으로 사후검토하고 있다. 심사평가원에서는 약국별 면허등록 기간과 건강보험료 납입기간을 비교하여 양자가 일치하지 않는 약국에 소명을 요구한다. 만일 이 소명 과정에서 실제 통장 사본이나 근무일자를 검증하는 도중 고의적인 오류가 발견된다면, 벌금이나 영업정지 등 약국에 치명적인 처벌을 받게 된다. 그러므로 약국장은 통상적으로 3개월 이상 계속 근무하는 약사를 심사평가원에 상근약사, 비상근약사로 등록하는 것이 바람직하다.

일용직의 법률상 요건과 약국장이 알아야 할 내용에 대해 정리하였다.

1. 일용직의 법률상 정의: 고용보험법은 1개월 미만 근무자를, 소득세법은 3개월 미만 근무자를 일용근로자로 규정함.

2. 4대보험 가입 여부: 1개월 미만 일용직 근로자는 국민연금과 건강보험 가입 면제를 받지만, 하루만 일해도 고용보험과 산재보험에는 반드시 가입해야 함. 1개월 이상 근무할 시 4대보험의 가입 대상 여부는 근무스케줄에 따라 다름.

3. 일용직 근로자 vs 프리랜서: 일용직 근로자는 단기 근로계약을 통해 고용되는 반면, 프리랜서는 독립적 관계로 용역을 제공하므로 4대보험 가입 필요가 없음. 일용직은 일 단위로 세금이 계산되지만, 프리랜서는 지급 금액의 3.3%를 원천징수 함.

4. 일용직의 소득세와 연말정산: 일용직의 소득세는 일당에서 15만원을 초과하는 부분에 대해 약 3%(지방소득세 포함)의 세율로 징수되며, 일용직은 연말정산을 하지 않음.

5. 일용직에 대한 약국가의 몇 가지 대표적인 질문사항들을 아래에 정리함.
   ① 정규직을 임의로 일용직으로 신고 가능한가: 불가능함. 일용직으로 근무 약사를 신고하는 것은 약국장이나 회계사무소가 임의로 결정할 수 있는 사항이 아니며, 이는 해당 근로자가 일용직의 법적 요건에 부합할 때만 가능함.
   ② 정규직을 처음 3달은 일용직으로 신고 가능한가: 세금(종합소득세 및 지방소득세)에 대해서만 가능함. 처음 3개월 동안 정규직 근무자를 일용직으로 신고하는 것은 4대보험에 대해서는 불가능함.
   ③ 4대보험 가입을 안 해도 되는가: 아니요. 일용직 근로자도 고용보험과 산재보험 가입은 필수이며, 1개월 이상 근무할 경우 4대보험의 상용 근로자로 가입 요건을 검토하여 취득신고해야 함.
   ④ 심사평가원에 등록을 할 수 있는가: 1개월 미만 일용직 근로자는 건강보험에 가입되지 않아 심사평가원에 '기타' 구분으로만 등록이 가능함. 만일 일용직을 상근·비상근으로 등록할 시, 심사평가원의 사후검토에 적발될 가능성이 있으므로 통상적으로 3개월 이상 계속 근무하는 약사를 상근이나 비상근약사로 심사평가원에 등록하는 것이 바람직함.

Chapter

7

가족을 고용할 때 주의할 점

하나의 사업장을 경영하다 보면, 가족의 도움을 받는 일이 종종 생기게 된다. 특히 영세한 사업장일수록 그러하다. 약국의 경우도 예외는 아니다. 특히나 약국의 경우 사람을 고용하는 데에 금액적인 어려움이 있고, 또 큰 약국이라 하더라도 직원을 여럿 두고 있을 때 약국장이 가장 확실하게 믿을 수 있는 가족을 본인의 약국경영에 투입시키는 경우도 많이 있다.

가족이라고 해서 인건비 신고에 별다른 페널티가 있는 것은 아니다. 가족이라고 해도 실제로 근무를 하고 그에 상응하는 급여를 지급하였다면, 응당 비용으로 인정받을 수 있고 또 그래야만 한다. 인건비로 처리한다는 것은 근로자로 본다는 것이며, 이럴 경우 약국장은 가족 구성원을 직장가입자로써 4대보험을 가입시킬 의무가 있다.

다만 이러한 제도를 악용하여, 빈번한 허위신고로 세법상 내야 할 세금을 줄여보려는 몇몇 약국들의 시도가 확인되고 있다. 일부 사업장에서는 실제로 근무하지도 않은 가족의 인건비를 경비처리 하기도 하고, 다른 사람보다 많은 금액을 인건비 신고로 경비처리 하기도 하는 등 가족의 인건비는 악용할 여지가 많은 사안이다. 그렇다 보니 약국장에게 세무조사가 나오게 될 경우, 이러한 가족 인건비는 철저히 검증하게 되는 대상이 된다.

따라서 가족 구성원과 고용계약을 맺고 그들에게 인건비를 지급할 일이 있다면, 약국상은 아래 몇 가지 사항을 꼭 유념하여 향후 세무조사에 대비해야 한다.

01	실제로 근무한 사실의 입증 필요
02	인건비 금액이 통상의 업무관행상 합리적일 필요
03	4대보험 가입 및 지급 증빙 구비 필요

1 실제로 근무한 사실의 입증 필요

세무조사나 해명자료를 요청받는 경우, 약국장은 해당 가족 구성원이 약국에서 실제로 근무하였는지 증명해야 한다. 세무서에서는 이를 위해 업무일지나 출근기록부, 업무 시 결재서류, 업무지침 등을 요구한다.

CCTV의 경우 그 기록보관기간이 매우 짧기 때문에(약 2달) 증빙으로써 효력을 기대하기 어렵다. 다만 출근을 대중교통을 통해 하였다면 교통카드 내역 등을 통해 입증 가능하다. 최근에는 약국에서 지문인식을 통한 개폐, 출퇴근 기록부의 자동작성을 지원하는 경비시스템을 갖춘 곳이 많다. 가족이 근무하였다는 증거로써 이 시스템을 활용하여 증명할 수 있다.

2 인건비 금액이 통상의 업무관행상 합리적일 필요

가족은 세법상 특수관계자로 본다. 특수관계자의 경우 과하게 많은 금액을 급여로 주는 것을 규제하고 있다. 따라서 약국의 전산직원으로 일한다면 '최저임금 + α' 수준으로, 약사라면 다른 근무약사와 비슷한 수준으로 지급하면 된다. 과다 급여지급을 규제하고 있으므로, 일반 직원과 비교해 급여지급 수준의 타당성이 요구된다.

3 4대보험 가입 및 지급 증빙 구비 필요

가족을 근로자로 보는 경우에는, 약국장은 4대보험 취득신고를 진행해야 한다. 국민연금과 건강보험은 가입 대상이며, 고용보험과 산재보험은 가입하지 않아도 된다. 여기서 가입하지 않아도 된다는 뜻은, 희망하는 경우 가입은 가능하지만 공단에서 별도의 승인을 받아야만 가입이 가능하다는 의미이다.

가족을 고용할 때에 주로 이슈가 되는 항목들은 아래와 같다.

① 국민연금은 만 60세 이상은 신규 가입이 제한된다. 단, 근로자가 원할 경우 임의계속가입은 가능하다.

② 고용보험은 대표자(약국장)의 동거하는 친족일 경우에는 가입할 수 없다.

③ 고용보험은 만 18세~만 65세까지 신규가입 및 보험료 납입이 가능하다. 근로자가 만 65세 이후부터는 가입은 가능하나 보험료를 납부할 의무는 없다.

또한 가족의 인건비를 지급하는 경우, 반드시 사업용 계좌를 통해 계좌이체를 하여야 하며, 매월 일정금액을 고정적으로 지급해야 한다. 일반직원에게 지급되는 급여라면 너무나 당연한 절차이지만, 가족이기 때문에 때때로 무시되는 절차이다. 가족의 경우는 현금으로 지급하거나 불확정적 금액으로 지급하는 경우가 종종 있다. 하지만 가족이기 때문에 더욱이 사업용 계좌를 통해 이체 사실을 분명히 할 필요가 있다.

관련 실무 사례 1

[질문사항] 제가 아내의 약국에 피사용자로 단시간(하루 5시간)근로 형태로 고용 계약을 진행할 경우, 고려해야 할 사항이 어떤 게 있을지 궁금해요.

[답변] 4대보험의 관점에서는, 월 60시간 이상 근무하게 되면 4대보험 의무가입에 해당하며 정규직으로 건강보험공단 취득신고 들어가게 됩니다. 다만 고용·산재보험의 경우, 약국장과 동거하는 가족이 근로자가 된다면 고용·산재보험 가입대상이 아닙니다.

소득세법의 관점에서는, 처음 3개월까지는 일용직으로 신고 가능하십니다. 일용직 일당 15만원 이상이면 소득세, 지방소득세 발생하여 공제한 차인 지급액을 직원분께 지급하도록 되어있습니다.

가족을 직원으로 등록할 때에 필요한 서류는, 타 일반 직원과 다를 바 없이 인적

사항과 입사일자, 월 급여 등을 세무대리인에게 전달해 주시면 되며 특수관계자 여부도 꼭 알려주셔야 합니다. 그래야만 4대보험이 초과 납입되는 것을 막을 수 있습니다.

관련 실무 사례 2

[질문사항] 제 어머니께서 타지역에서 올라오셔서 약국업무를 도와주실 거라, 사 택을 제공드리고 월세를 제가 부담하려 합니다. 이 경우 세금처리 가능한가요?

[답변] 아니요, 가족에게 지급되는 월세는 비용처리 될 수 없습니다.

월세 비용처리는 실제 직원이 지방이나 약국과 거리가 먼 경우 그 직원을 고용 하기 위해 복리후생 목적으로 지원하는 경우만 비용처리 가능합니다. 이 경우 약국명의 임대차·매매계약서와 약국과 직원 간의 임대차계약서, 이체내역, 전 입신고내역이 있어야 합니다.

다만 특수관계자(친족)에게 사택을 무상이나 시가보다 낮은 임대료로 제공하는 경우에는 소득세법상 업무무관 지출로 보아 비용처리할 수 없습니다.

가족 구성원과 고용계약을 맺고 그들에게 인건비를 지급할 일이 있다면, 약국장은 아래 몇 가지 사항을 꼭 유념해야 한다.

● 실제로 근무한 사실의 입증 필요: 향후 세무조사 또는 국세청의 질의에 대비하기 위해 약국장은 가족 구성원의 실제 근무 여부를 증명해야 하며, 이를 위해 업무일지, 출근기록부, 결재서류, 업무지침 등의 서류가 요구됨.
　－ CCTV 기록은 보관 기간이 짧아 증빙에 한계가 있지만, 교통카드 사용 내역이나 약국의 지문인식 시스템을 통한 출퇴근 기록 등을 통해 근무 증빙이 가능함.

● 인건비 금액이 통상의 업무관행상 합리적일 필요: 세법상 가족은 특수관계자로 분류되며, 이들에게 지나치게 높은 급여를 지급하는 것은 규제 대상임.
　－ 가족 구성원이 약국에서 일할 경우, 전산직원은 최저임금 이상으로, 약사는 다른 근무약사와 유사한 수준의 급여를 지급해야 하며, 과도한 급여 시급에 대해 타당성이 요구됨.

● 4대보험 가입 및 지급 증빙 구비 필요: 가족이 근로자인 경우에도 여타 근로자와 동일하게 4대보험에 가입해야 함. 다만 동거하는 가족의 경우에는 고용·산재보험 가입대상에서 제외됨. 아울러 사업용 계좌를 통해 계좌이체 증빙을 남기는 것이 바람직함.

Chapter 8
급여명세서의 작성 주체:
세무사무실에서 어디로?

　근로계약서를 작성한 근로자라면, 누구나 매월 1회 이상 임금을 지급받는다. 물론 세전 임금에 대해 근로소득세와 지방소득세, 4대보험료를 공제한 후 지급받는다. 이러한 임금에 대한 계산내역이 담긴 임금명세서는, 과거에는 약국 내부에만 보관되었고 세무서에는 근로소득 지급명세라는 명목으로 신고되었다. 그러나 2021년 11월 19일부터는 임금명세서에 대한 교부의무가 시행되었다. 근로기준법에 의거하면, 5인 미만 사업장인 약국과 5인 이상 사업장인 약국은 모두 근로자에게 급여를 지급할 때 임금명세서를 의무적으로 교부해야 한다. 이번 장에서는 급여명세서와 관련된 법규와 작성주체에 대해 최근의 행정해석에 대해 알아보도록 한다.

1 급여명세서의 교부 의무화

2021년 11월 19일부터, 모든 약국은 직원의 급여를 지급할 때 급여명세서를 교부해야 한다. 개정된 내용은 근로기준법이며, 임금의 구성항목 및 계산방법, 공제내역 등을 적은 임금명세서를 함께 주어야 한다고 정하고 있다.

급여명세서에 포함되어야 할 내용은 다음과 같다.

---

① 인적사항: 근로자의 이름, 부서, 직위 등 근로자를 특정할 수 있는 정보
② 급여내역: 기본급, 상여금, 성과금, 각종 수당의 금액(통화 이외의 것으로 지급된 임금이 있는 경우 그 품명 및 수량과 평가총액)
③ 공제내역: 소득세, 주민세, 고용보험, 건강보험, 국민연금, 산재보험 등으로 구성
④ 차감 지급액: 급여내역에서 공제내역을 차감한 실제 지급액
⑤ 임금지급일
⑥ 임금총액
⑦ 출근일수·근로시간 수에 따라 달라지는 임금의 구성항목별 계산 방법(연장·야간·휴일근로를 시킨 경우에는 그 시간 수 포함)

약국의 통상적인 급여체계는 주로 근로시간에 기반한 항목들로 구성되어 있다. 예를 들어 1일 8시간, 1주 40시간 근무하는 근로자의 경우 임금은 기본급으로만 구성될 것이지만, 1주 52시간을 근로하는 자의 경우 1주에 12시간의 연장근로가 발생한다. 5인 이상 사업장에서 연장근로가 발생

하게 되면, 근로기준법상 해당 연장근로에 대한 수당을 지급해야 한다. 다만 이와 같이 임금지급의 근거가 되는 근로시간 또는 지급기준 없이, 만일 주먹구구식으로 임금을 계산하여 지급하는 약국이 있을 경우 근로자는 임금항목의 과오납을 약국에 청구할 수도 있다.

예를 들어, 연장근로수당을 지급하였으나 급여명세서에 이를 명확하게 기재하지 않은 경우, 근로자가 연장근로수당을 받지 않았다고 노동부에 제소할 시 약국장은 난처해지게 된다. 이럴 경우 약국장은 이미 지급된 연장근로수당을 한 번 더 지급해야 하는 억울한 상황이 발생될 수도 있다. 따라서 위의 급여명세서상 표시되어야 할 항목들을 모두 빠짐없이 기재하는 것이 중요하다.

과거에는 근무약사들이 급여명세서를 받지 않아 이러한 추가 수당항목들에 대해 크게 고민하지 않았지만, 앞으로 급여명세서를 받게 된다면 당연히 관심을 가지게 될 수밖에 없다. 따라서 약국에서는 급여명세서의 작성과 교부가 매우 중요한 사항으로 대두되었고, 정확한 급여명세서를 작성하여 교부하는 것이 약국경영에 필수적이게 되었다.

2 급여명세서의 작성 주체: 고용노동부의 회신 사항

모든 기재사항이 빠짐없이 기재된 급여명세서를 발행하기에는 어려움이 있을 수 있다. 이를 해결하기 위해 약국장들이 가장 먼저 떠올릴 수 있는 업체는 담당 세무사무소나 회계사무실이다. 회계사무실에서 만드는 급여명세서는 과세와 비과세를 중심으로 만들어지기 때문에 식대 등 세법기준으로 급여명세서가 만들어지기 쉽다. 세무사무소는 세법에 대한 전문가이지 노동법에 대한 전문가가 아니기 때문에, 근로기준법에서 정하는 모든 필요사항들을 정확히 만족하는 급여명세서를 작성하기란 현실적으로 어려운 상황이다.

직원을 여럿 고용하고 있는 중대형 약국들의 경우에는, 세무사무소가 아닌 노무사 사무실을 이용하여 급여대장과 급여명세서를 작성하기도 한다. 노무사 사무실은 노동법에 대한 전문가이기 때문에, 근로기준법에서 정하는 요건대로 급여지급요건 및 급여명세서를 정확히 반영할 수 있다. 다만 문제가 되는 것은 수수료이다. 노무사 사무실에 지급해야 할 금액이 웬만한 세무사무소에 지급하는 금액보다 큰 경우가 많으므로, 5인 미만 사업장에 해당하는 영세한 약국들은 노무사 사무실에 도움을 요청하기가 경제적으로 부담이 된다.

그래서 대다수의 약국들은 노무사 사무실보다는 주로 세무사무소에 의지하여 급여명세서를 작성하고 있었으나, 지난 2023년 8월 2일 자로 근로자 임금대장 및 임금명세서 작성 업무는 세무사가 아닌 공인노무사의 직무라는 정부 해석이 내려졌다. 고용노동부는 근로기준법 제48조의 임금대장·임금명세서의 작성 및 확인업무는 공인노무사가 아닌 자는 수행할 수 없는 공인노무사법 제2조 제1항 제2호의 업무에 해당하고, 근로기준법 전반에 대한 이해 및 전문지식이 요구되는 직무에 해당되어 세무사의 조세·세무지식만으로 수행할 수 있는 사무로 보기 어렵다는 점 등을 근거로 세무사 업무가 아니라는 내용을 회신(근로기준정책과-2487, 2023.8.2.)하였다.

위 정부해석은 아직까지는 법적 강제력을 갖지는 않는다. 다만 위와 같은 해석의 취지를 볼 때, 앞으로는 세무사무소나 회계사무소를 통해 급여명세서의 작성이 계속 가능할지에 대해서는 다소 부정적이다. 그러면 약국들은 일정 수수료를 지급하고 노무사 사무실과 새로 용역계약을 진행하거나, 약국장이 직접 급여명세서 작성을 할 수밖에 없다. 후자의 경우, 약국장은 연장근무수당이나 휴일수당, 연차수당의 계산법을 익혀 추후 발생할 수도 있는 손실에 대비해야 한다. 그러한 상황에서 약국장은 계약서를 작성할 때 세후 금액이 아닌 세전 금액 기준으로 작성하는 것이 급여명세서를 정확히 작성하는 것에 도움이 될 것이다.

관련 실무 사례

* 본 사례는 필자가 고용노동부로부터 직접 입수한 고용노동부 회신(근로기준정책과-2487, 2023.8.2.)을 전문 그대로 인용하였다.

【질의】

세무사가 임금대장 및 임금명세서 작성 등의 업무를 하는 것이 공인노무사법 위반인지

【회신】

귀 질의만으로 구체적인 사실관계를 확인할 수 없어 명확한 답변은 드리기 어려우나, 근로기준법 제48조(임금대장 및 임금명세서)는 사용자에게 근로자의 근로일 수 및 근로시간 수에 따른 임금의 항목별 내역과 계산기초가 되는 사항을 작성·관리하고, 임금지급 시 근로자에게 연장·야간·휴일근로의 계산방법과 공제내역을 포함한 임금액 산정방식 등에 관한 정확한 정보를 제공하도록 하여 노사 간 분쟁을 예방하기 위한 제도인 바,

이는 근로기준법령 전반에 대한 이해 및 전문지식이 요구되는 직무에 해당되어 세무사의 조세·세무지식만으로 수행할 수 있는 사무로 보기는 어려울 것으로 사료됩니다.

3 급여명세서의 교부방법

급여명세서는 서면 또는 전자문서로 교부해야 한다. 전자문서는 전자우편(이메일)이나 휴대전화 문자메시지(SMS, MMS), 모바일 메신저, 사내 전산망 등이 이에 해당되며, 반드시 특별한 서식으로 제공해야 한다는 명시적 규정은 없다. 급여명세서를 교부하지 않을 경우 500만원 이하의 과태료가 부과되며 증빙서류는 3년간 보관하여야 한다.

- 2021년 11월 19일부터는 법적으로 모든 약국이 직원에게 급여를 지급할 때 급여명세서를 교부해야 한다. 급여명세서에 포함되어야 할 내용은 다음과 같다.
  ① 인적사항: 근로자의 이름, 부서, 직위 등 근로자를 특정할 수 있는 정보
  ② 급여내역: 기본급, 상여금, 성과급, 각종 수당의 금액(통화 이외의 것으로 지급된 임금이 있는 경우 그 품명 및 수량과 평가총액)
  ③ 공제내역: 소득세, 주민세, 고용보험, 건강보험, 국민연금, 산재보험 등으로 구성
  ④ 차감지급액: 급여내역에서 공제내역을 차감한 실제 지급액
  ⑤ 임금지급일
  ⑥ 임금총액
  ⑦ 출근일수·근로시간 수에 따라 달라지는 임금의 구성항목별 계산 방법(연장·야간·휴일근로를 시킨 경우에는 그 시간 수 포함)

- 과거에는 급여명세서를 받지 않아 급여 내 세부항목에 대해 분쟁이 많지 않았지만, 앞으로는 모든 근로자가 급여명세서를 받게 된다면 약국장과 근로자 간 오해가 발생하지 않도록 정확한 급여명세서를 작성하여 교부하는 것이 약국경영에 필수적이다.

- 원칙적으로 급여명세서 작성 책임은 약국장(고용자)에게 있으나, 실무상 세무대리를 맡고 있는 세무회계전문가에게 일임하는 경우가 많다.

- 2023년 8월 2일 자로 "근로자 임금대장 및 임금명세서 작성 업무는 공인노무사의 직무"라는 고용노동부의 행정해석이 내려짐으로써, 앞으로도 약국장이 급여명세서 작성을 노무사가 아닌 세무대리인에게 일임할 수 있을지는 가능성이 불투명하다. 다만 아직까지는 세무대리인으로부터 급여명세서를 지급받는다고 하여, 이를 처벌하는 법적 강제력은 없다.

- 만일 차후 법개정을 통해 법적 강제력이 발생한다면, 약국들은 연 단위로 수십, 수백만원의 수수료를 지급하고 노무사 사무실과 새로 용역계약을 진행하거나, 약국장이 직접 급여명세서 작성을 할 수밖에 없다.

- 급여명세서는 서면 또는 전자문서로 교부해야 하며, 교부하지 않을 경우 500만원 이하의 과태료가 부과된다.

한 권으로 끝내는 약국세무

PART 4

약국의 부가가치세

1 부가가치세의 원리

『 부가가치세란? 』

각 물건의 부가가치에 부과되는 세금(세율 10%)을 의미

부가가치세(Value Added Tax; VAT, 부가세)란, 각 물건의 부가가치에 부과되는 세금(세율 10%)을 의미한다. 여기서 부가가치란, 상품(재화)이 생산되고 유통되어 최종소비자에게 전달되는 과정에서, 각 거래단계마다 더해진 가치를 말한다. 생산이나 유통과정에서 더해진 부가가치는, 각 거래단계에 있는 사업자(생산자 또는 중간상)가 벌어들인 수익(매출)에서 비용(매입)을 차감하는 것으로 계산된다.

> 부가가치세 = 각 거래단계에서 발생된 부가가치 × 10%(세율)
> ※ 부가가치: 수익(매출) − 비용(매입)

각 사업자는 해당 부가가치에 대한 세금을 거래 상대방으로부터 징수한다. 그런데 여기서, 통상의 사업과정에서 사업자가 매번 본인이 창출한 부가가치를 계산해가며 세금을 신고하기란 어렵다. 그래서 실무에서 부가가치세는 일반적으로 매출세액의 총합에서 매입세액의 총합을 차감하는 식으로 계산된다. 본인이 매출을 통해 수취한 금액의 10%를 매출 상대방으로부터 수취하며, 또한 본인이 매입을 통해 지급한 금액의 10%를 매입 상대방에게 지급한다. 전자를 '매출세액'이라고 하며, 후자를 '매입세액'이라고 한다.

부가가치세 = 매출세액(매출의 10%) − 매입세액(매입의 10%)

위 산식에서 매출세액은 매출시점에 거래 상대방으로부터 수취하며, 매입세액은 매입시점에 거래 상대방에게 지급한다. 받은 돈(매출세액) 중에서 나간 돈(매입세액)을 빼고 남은 돈이 부가가치세이다. 그래서 각 사업자는 본인이 직접 부담해야 할 부가가치세는 하나도 없다. 이미 거래 과정에서 거래 상대방에게 모두 수취했거나 지급한 순 금액과 동일하기 때문이다.

그렇다면 매출할 상대방이 없는 최종소비자는 어떻게 되는 것인가? 부가가치세법에서는 그 부가가치를 최종적으로 소비한 자가 세금을 전부 부담하도록 정하였다. 부가가치를 실제로 향유하는 사람이 세금을 부담해야 한다는 취지이다. 거래과정에서 창출된 모든 부가가치가 축적되어 최종소비자에게 전달되면, 소비자는 그 부가가치에 맞는 부가가치세를 지출하게 된다. 즉, 부가가치세의 신고·납부는 각 거래과정에서 사업자들이 담당하지만, 그 세금 부담은 전부 소비자에게 전가되고 있는 것이다.

"부가가치세는 중간 단계의 사업자들에 의해 일시적으로 부담되다가 최종적으로는 상품이나 서비스를 구매하는 최종소비자에게 모두 전가된다."
→ 중간 단계의 사업자가 납부하는 부가가치세는 전액 거래 상대방으로부터 수취한 금액임.

이처럼 부가가치세는 중간 단계의 사업자들에 의해 일시적으로 부담되다가 최종적으로는 상품이나 서비스를 구매하는 최종소비자에게 전가된다. 이러한 구조는 부가가치세가 소비 세금의 일종으로 설계되었기 때문에 나타나는 특징이다. 부가가치세의 대표적인 특징 세 가지를 아래에 서술하였다.

① 세금의 중간자 부담 회피: 부가가치세 제도는 세금을 최종 제품이나 서비스의 가격에 포함시켜 소비자가 지불하도록 설계되어 있다. 사업자는 세금을 납부하는 주체이지만, 실질적인 비용 부담은 소비자에게 있다. 사업자는 선납한 부가가치세를 세금신고 시 매입세액으로 공제받으므로, 실제 부담하는 세금은 본인이 창출한 부가가치에 대해서만 부담하게 된다. 그리고 그 부담하는 세금 역시도 거래 상대방으로부터 미리 수취한 금액을 내는 것에 불과하다.

② 소비에 대한 과세: 부가가치세는 소비에 대해 과세하는 방식이므로, 소비의 최종 종착지인 최종소비자에게 세금의 부담이 모두 전가된다. 이렇게 함으로써 정부는 소비를 기반으로 세수를 확보하게 된다.

③ 효율적인 세금 징수: 부가가치세를 각 거래단계마다 신고·납부하도록 하는 시스템은 세금 징수의 효율성을 높인다. 각 단계의 사업자가 자신의 매출·매입에 대한 부가가치세를 신고하고 납부함으로써, 정부는 소비자로부터 한꺼번에 세금을 징수하는 것보다 효율적으로 세금을 수집할 수 있다.

2 예시로 풀어보는 부가가치세

부가가치세를 보다 쉽게 설명하기 위해서, 아래 예시 사례를 작성해 보았다. OTC라 불리는 일반의약품이 제약회사로부터 손님까지 전달되는 과정을 풀이하였다.

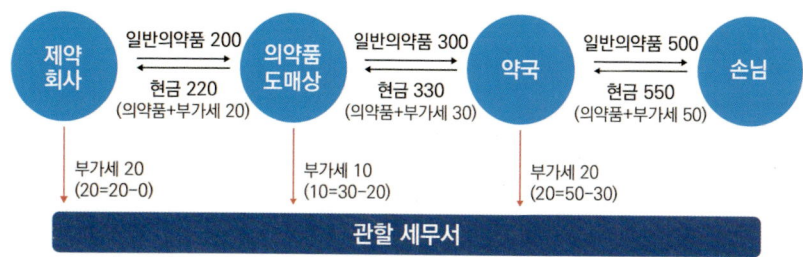

（단위: 원）

구분	제약회사	도매상	약국	손님
① 매출	200	300	500	–
② 매입(제조)원가	–	200	300	500
③ 부가가치(=①-②)	200	100	200	–
④ 부가가치세(③×10%)	20	10	20	–
⑤ 매출세액(매출×10%)	20	30	50	–
⑥ 매입세액(매입×10%)	–	20	30	50
⑦ 본인부담 부가가치세{④-(⑤-⑥)}	–	–	–	50

위 예시 그림과 표를 각 서래단계에 있는 제약회사, 의약품 도매상, 약국, 그리고 손님의 관점에서 풀이해 보자.

1) 제약회사 관점

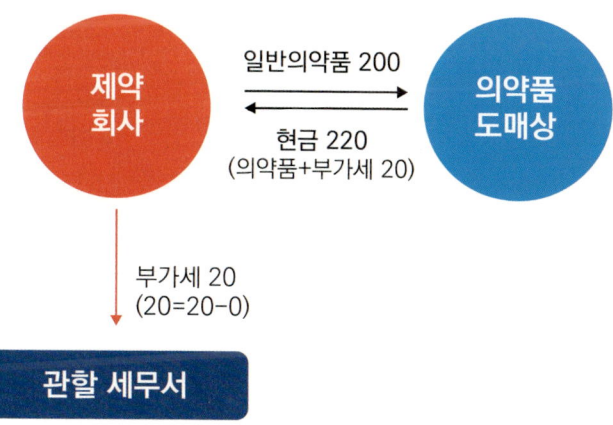

제약회사는 도매상으로부터 20원을 수취하여, 이를 그대로 세무서에 납부함.

→ 본인이 부담하는 세금은 없음(수취한 금액 내에서 납부).

제약회사는 의약품을 제조하여 도매상에게 팔면서 200원의 매출을 올렸다. 제약회사가 의약품을 제조하는 데에 비용이 하나도 들지 않았다고 가정할 시, 제약회사의 부가가치는 200원이 된다. 해당 200원은 매출(200원)에서 제조원가(0원)를 차감한 금액이다. 이에 관할 세무서는 제약회사가 창출한 부가가치 200원에 대해 10%의 세금을 부과하여 부가가치세는 20원이 된다.

그런데 제약회사는 200원의 매출을 올릴 때에, 도매상으로부터 제품값 200원에 더하여 부가가치세 20원을 추가로 받는다. 따라서 제약회사가 도매상으로부터 수취하는 금액은 총 220원이 된다. 여기서 제품값에 더하여 수취한 20원은 그대로 관할 세무서에 '매출세액'이라는 항목으로 신고된다.

결과적으로, 제약회사는 도매상으로부터 20원을 수취하여 이를 그대로 세무서에 납부한다. 이 과정에서 본인이 부담하는 세금은 없다.

2) 의약품 도매상 관점

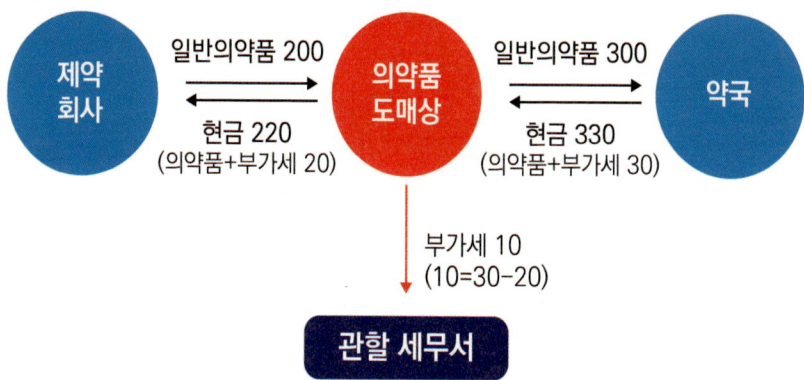

도매상은 제약회사에 20원을 지급하였고, 약국으로부터 30원을 수취하였으며, 그 차액인 10원을 세무서에 납부함.

→ 본인이 부담하는 세금은 없음(수취한 금액 내에서 납부).

의약품 도매상은 제약회사로부터 200원에 매입을 하였고, 이를 유통하여 약국에게 300원에 공급한다. 여기서 의약품 도매상이 창출한 부가가치는 100원이 된다. 이에 관할 세무서는 의약품 도매상이 창출한 부가가치 100원에 대해 10%의 세금을 부과하여 부가세는 10원이 된다.

또한 도매상은 약국 대상으로 300원에 매출을 올릴 때 부가가치세 30원을 추가로 받는다. 여기서 제품값에 더하여 수취한 30원은 관할 세무서에 '매출세액'이라는 항목으로 신고되며, 도매상이 제약회사에 지급한 20원은 '매입세액'이라는 항목으로 신고된다. 따라서 매출세액(30원)에서 매입세액(20원)을 뺀 10원은 의약품 도매상이 관할 세무서에 신고·납부를 진행하는 금액이 된다.

결과적으로, 도매상은 약국으로부터 30원을 수취하고 제약회사에 20원을 지급하였으며, 그 차액인 10원을 세무서에 납부한다. 이 과정에서 본인이 부담하는 세금은 없다.

3) 약국 관점

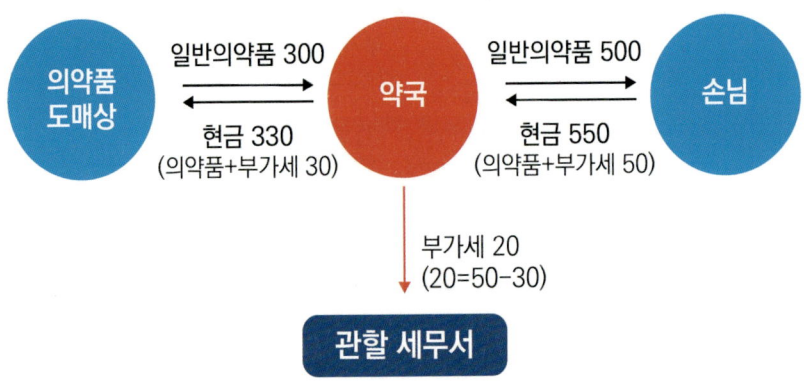

약국은 도매상에게 30원을 지급하였고, 손님으로부터 50원을 수취하였으며, 그 차액인 20원을 세무서에 납부함.

→ 본인이 부담하는 세금은 없음(수취한 금액 내에서 납부).

약국은 의약품 도매상으로부터 300원에 매입을 하였고, 이를 손님에게 500원에 판매한다. 여기서 약국이 창출한 부가가치는 200원이 된다. 이에 관할 세무서는 약국이 창출한 부가가치 200원에 대해 10%의 세금을 부과하여 부가세는 20원이 된다.

또한 약국은 손님 대상으로 500원에 매출을 올릴 때 부가가치세 50원을 추가로 받는다. 여기서 제품값에 더하여 수취한 50원은 관할 세무서에 '매출세액'이라는 항목으로 신고되며, 약국이 도매상에 지급한 30원은 '매입세액'이라는 항목으로 신고된다. 따라서 매출세액(50원)에서 매입세액 (30원)을 뺀 20원은 약국이 관할 세무서에 신고·납부를 진행하는 금액이 된다.

결과적으로, 약국은 손님으로부터 50원을 수취하고 의약품 도매상에 30원을 지급하였으며, 그 차액인 20원을 세무서에 납부한다. 이 과정에서 본인이 부담하는 세금은 없다.

4) 손님 관점

손님은 약국에게 50원을 지급하였고, 이는 최종 제품가격(500원)의 부가가치세 (10%)임.

→ 본인이 소비한 상품이 생산·유통되는 과정에서 발생한 모든 부가가치(200+ 100+200)에 대한 세금을 전부 부담함.

손님은 매입만 있을 뿐 매출이 없으므로 부가가치는 0이다. 여기서 손님은 본인이 창출한 부가가치가 없으며, 사업자도 아니므로 세무서에 부가가치세 신고·납부할 금액도 없다.

그런데 손님은 약국에서 의약품을 500원에 구매하였고, 실제로 지출한 금액은 제품값에 부가가치세를 더하여 550원을 지급하였다. 이 과정에서 총 50원의 부가가치세를 지출하였다. 본인이 지출한 50원의 부가가치세는, 실은 의약품이 제약회사로부터 최종소비자인 손님에게 전달되면서 발생한 모든 부가가치 500원(=200원+100원+200원)의 10%이다. 따라서 손님은 본인이 직접 세무서에 신고·납부한 금액은 없지만, 본인이 소비한 상품이 생산·유통 과정에서 발생한 모든 부가가치에 대한 세금을 전부 부담하게 된다.

관련 실무 사례

[질문사항] 제가 부가가치세 신고할 때는 환급이 주로 발생해요. 주변에 물어보니, 다른 약국은 부가세를 내기도 하던데, 왜 저는 환급이 발생하는 건가요?

[답변] 네, 납부하셔야 할 매출세액보다 환급받으실 매입세액이 더 크기 때문입니다. 매출 대비 매입이 크신 경우(아래 두 가지 경우)에 주로 부가세 환급이 발생합니다.
1) 신규약국을 개국하여 시설투자비가 많이 발생한 경우
2) 일반약 매출보다 일반약 매입이 더 많은 경우

부가가치세법상 증빙의 의무 발행 및 수취

    부가가치세에서는 기본적으로 매출세액에서 매입세액을 차감한 금액만큼 부가가치세를 납부하도록 되어 있다. 계산 산식을 보아도 알 수 있듯이, 매입세액을 많이 인정받을수록 부가세 부담을 줄일 수 있을 것이다. 그렇다면 실제 사업과 관련하여 지출한 매입내역을 부가가치세에서 비용으로 인정받기 위해서는 어떻게 해야 할까? 바로 세법에서 열거한 적격증빙을 수취해야 한다. 매입시점뿐만 아니라, 매출을 할 때에도 거래 상대방에게 적격증빙을 올바로 발행해야 한다. 적격증빙을 수취하지 않으면 부가가치세 부담이 늘어나며, 적격증빙을 발행하지 않으면 부가가치세법상 과태료

- 부가가치세는 상품이나 서비스가 생산 및 유통 과정에서 가치가 더해질 때마다 그 부가가치에 대해 부과되는 세금이며, 세율은 10%이다.

- 각 사업자는 해당 부가가치에 대한 세금을 거래 상대방으로부터 징수한다.

- 부가가치는 각 거래 단계에서의 매출에서 매입 비용을 차감한 금액으로 계산되며, 사업자가 매출세액에서 매입세액을 차감하여 부가가치세를 계산하고, 이를 세무서에 신고 및 납부한다.

- 이 과정에서 각 사업자는 자신이 창출한 부가가치에 대한 세금만을 부담하며, 이는 사실상 거래 상대방으로부터 이미 수취한 세금에 해당한다.

- 즉, 부가가치세의 신고·납부는 각 거래과정에서 사업자들이 담당하지만, 그 세금 부담은 전부 최종소비자에게 전가된다.

- 부가가치세의 대표적인 특징 세 가지는 다음과 같다.
  ① 세금의 중간자 부담 회피: 사업자는 세금을 납부하는 주체이지만, 실질적인 비용 부담은 소비자에게 있다.
  ② 소비에 대한 과세: 부가가치세는 소비에 대해 과세하는 방식이므로, 소비의 최종 종착지인 최종소비자에게 세금의 부담이 모두 전가된다.
  ③ 효율적인 세금 징수: 부가가치세를 각 거래단계마다 신고·납부하도록 하는 시스템은 세금 징수의 효율성을 높인다.

약국의 면세와 과세사업

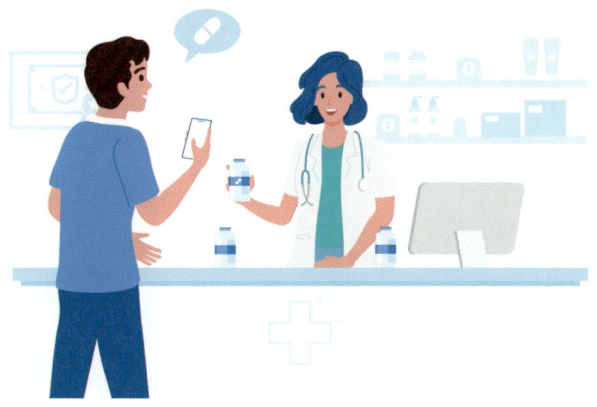

약국장들은 면세라는 단어를 세무사무실로부터 여러 번 접했을 것이다. 우리가 일상적으로 알고 쓰는 면세라는 단어는 주로 여행과 관련되어 즐겁게 쓰일 터이지만, 약국장들의 세금과 관련된 면세라는 단어는 분기 혹은 반기마다 납부해야 할 금액을 수백만원부터 수천만원까지 증가 혹은 감소시킬 수 있는 무서운 용어이다. 그러므로 이번 장에서는 면세의 개념과 약국에 적용될 세법이론에 대해 자세히 설명하였다.

1 면세의 취지와 원리

『 면세제도란? 』

재화와 용역의 자체 성격상 특정재화나 용역에 대하여
부가가치세를 부과하지 않는 제도
ex) 의약품 조제용역

- 부가가치세 면세제도는 사회·문화적 목적이나 공익목적, 조세정책상 또는 재화와 용역의 자체 성격에 따라 특정 재화나 용역에 부과되지 않는 경우를 말한다.
- 이는 주로 기초 생활 필수품, 국민 복리 후생 및 문화 관련 재화와 서비스에 적용된다.
- 약국에서 의사의 처방에 따라 조제되는 의약품과 조제용역은 면세 대상에 포함되나, 약시기 치방전 없이 판매하는 일반의약품이나 비의약품은 부가가시세가 과세된다.
- 면세사업자는 면세 재화나 서비스 판매 시 소비자로부터 매출세액을 받지 않으므로, 과거에 지출한 매입세액을 환급받을 수 없다.

사회·문화적 목적이나 공익목적 및 조세정책목적상 또는 재화와 용역의 자체 성격상 특정재화나 용역에 대하여 부가가치세를 부과하지 아니하는 경우가 있는데, 이를 면세제도라고 한다. 이러한 부가가치세 면세효과는 그 면세사업자 단계에서 창출한 부가가치에 대한 부가가치세의 부담을 면제하는 것으로, 면세사업자로부터 재화나 용역을 공급받는 최종소비자 입장에서는 그만큼의 부가가치세 부담을 경감받는 것이다. 부가가치세 면세제도는 이와 같이 재화나 용역을 사용·소비하는 최종소비자의 부가가치세 부담을 경감하여 주기 위한 것이므로 면세대상은 주로 일반국민들의 기초적 생활에 필수적인 재화와 용역, 국민복리후생 및 문화관련 재화, 용역과 기타의 공익재화 등에 국한하고 있으며 부가가치를 창출하는 3대 기본 생산요소인 토지, 노동 및 자본 등에 대하여도 면세하고 있다.

부가가치세의 면세는 몇몇 업종에 국한하여 적용되고 있는데, 그중에는 약사가 제공하는 의약품의 조제용역도 포함되어 있다. 이는 곧 의사의 처방을 받아 약품을 조제할 때에 의약품 조제용역과 그 부수재화(약품)가 면세라는 의미이며, 약국 자체가 면세인 것은 아니다. 약사가 처방전 없이 판매하는 일반의약품이나 의약품이 아닌 상품은 모두 부가가치세가 과세된다.

『 면세제도의 효과? 』

면세사업자 단계에서 창출한 부가가치에 대한 부담을 면제하는 것
따라서 최종소비자 역시 그만큼 부가가치세를 경감받을 수 있다.

또한 여기서, 그 "면세사업자 단계에서 창출한 부가가치에 대한 세금부담을 면제"라는 문구에 주목해야 하는데, 이는 곧 면세사업자 이전 단계에서 창출한 부가가치에 대해서는 부가가치세가 여전히 소비자에게 부과된다는 의미이기 때문이다. 면세사업자 이전의 과세사업자들이 창출한 부가가치에 대해서는 소비자가 부가가치세를 부담한다.

부가가치세가 면세되는 재화나 서비스를 판매한다면, 매출세액을 소비자로부터 받을 필요가 없고 당연히 세무서에 낼 필요도 없다. 그 대신, 면세재화를 구입하기 위해 과거에 지출했던 매입세액 역시 세무서에서 환급받을 수 없다. 그래서 면세사업자는 과거에 지출했던 매입세액을 최종소비자에게 판매할 때 매출 가액에 가산하여 수취하고 있다.

2 예시로 풀어보는 면세

면세를 보다 쉽게 설명하기 위해서, 이전의 사례를 조금 변형하여 예시 사례를 작성해 보았다. 기존 예시와 달리, 생산되고 유통되는 상품을 조제약에 사용되는 전문의약품으로 하였다. 이는 면세대상 상품(의약품의 조제용역의 부수재화)이므로, 약국에서 이를 환자에게 판매할 때에는 면세가 적용되며, 그 이전 단계인 제약회사와 의약품 도매상은 이를 과세상품으로 취급한다.

(단위: 원)

구분	제약회사	도매상	약국	환자
① 매출	200	300	500	–
② 매입(제조)원가	–	200	300	500
③ 부가가치(=①-②)	200	100	200	–
④ 부가가치세(③x10%)	20	10	– (면세)	–
⑤ 매출 시 수취한 부가세·원가가산액	20	30	30	–
⑥ 매입 시 지급한 부가세·원가가산액	–	20	30	30 (과거 발생 매입세액)
⑦ 본인부담 부가가치세{④-(⑤-⑥)}	–	–	–	30

위 예시 그림과 표를 각 거래단계에 있는 제약회사, 의약품 도매상, 약국, 그리고 환자의 관점에서 풀이해 보자.

1) 제약회사 관점

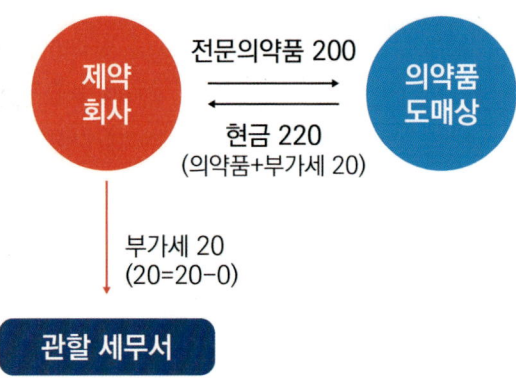

제약회사는 도매상으로부터 20원을 수취하여, 이를 그대로 세무서에 납부함.

➜ 본인이 부담하는 세금은 없음(수취한 금액 내에서 납부).

일반의약품이든, 전문의약품이든 약을 제조하는 제조업은 부가가치세 법상 면세대상 업종에 해당하지 않는다. 그러므로 앞선 예시와 동일하게 진행된다. 제약회사의 부가가치는 200원이며, 매출세액 20원을 의약품 도매상으로부터 수취하여 관할 세무서에 납부한다. 본인 부담 부가가치세 는 0원이다.

2) 의약품 도매상 관점

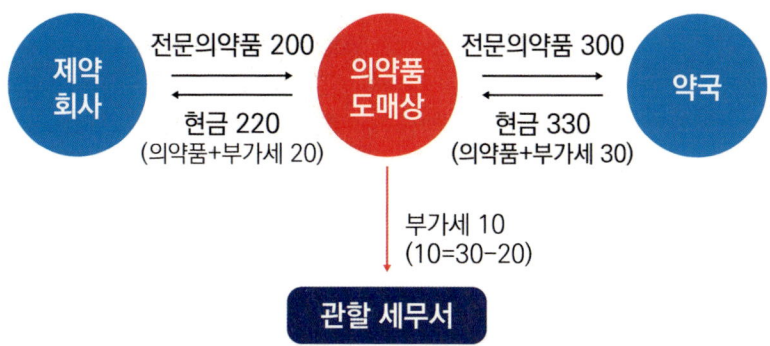

도매상은 제약회사에 20원을 지급하였고, 약국으로부터 30원을 수취하였으며, 그 차액인 10원을 세무서에 납부함.

→ 본인이 부담하는 세금은 없음(수취한 금액 내에서 납부).

일반의약품이든, 전문의약품이든 의약품을 도·소매로 판매하는 업종은 부가가치세법상 면세대상 업종에 해당하지 않는다. 그러므로 앞선 예시와 동일하게 진행된다. 의약품 도매상의 부가가치는 100원이며, 약국으로부터 매출세액 30원을 수취하고 제약회사에 매입세액 20원을 지급한다. 그리고 그 차액인 10원을 세무서에 납부하며, 이 과정에서 본인이 부담하는 세금은 없다.

3) 약국 관점

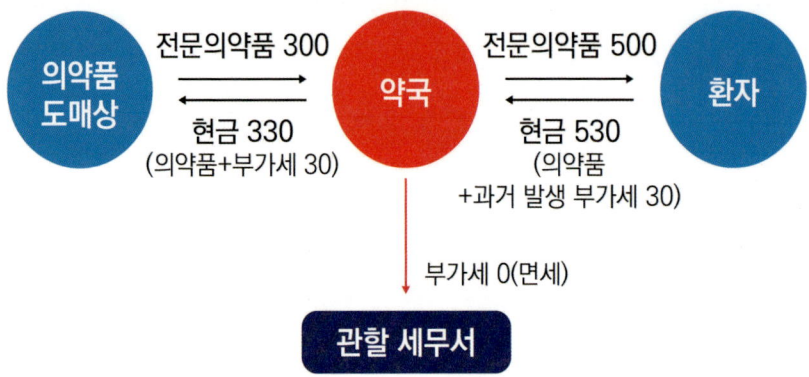

> 약국은 도매상에게 30원을 지급하였고, 환자로부터 30원을 수취하며, 세무서에는 아무것도 납부하지 않음.
>
> → 본인이 부담하는 세금은 없음.

일반의약품과 달리, 조제에 사용되는 전문의약품은 면세대상 재화로 분류되어 부가가치세가 과세되지 않는다. 그러므로 약국은 본인이 창출한 부가가치에 대해서는 부가가치세를 내지 않는다.

다만 약국이 과거에 의약품 도매상에게 지급한 매입세액 30원을 세무서로부터 환급받을 수 없으므로, 약국은 그 금액을 환자로부터 수취하는 금액에 가산한다. 일반의약품이라면 330원에 사온 약품을 원래는 550원에 환자에게 판매하고, 본인이 창출한 200원의 부가가치에 대해 20원만큼 세무서에 세금을 납부하면 된다. 그런데 면세대상인 전문의약품이라면, 330원에 사온 약품에 본인이 창출한 200원의 부가가치를 더하여 530원에 환자에게 판매하고, 세무서와는 아무것도 납부하거나 환급받지 않는다. 과거에 약국이 전문의약품 구입을 위해 지출한 30원을 세무서로부터 환급받을 수 없으니, 이를 최종소비자인 환자에게 전가하여 판매금액에 포함시키는 것이다. 만약 330원에 사온 것을 제품 그대로의 가치인 500원에 판매한다면, 과거에 지출한 30원은 약국이 손실로 떠안게 된다. 이를 방지하기 위해 전문의약품 판매금액에 과거 지출분 매입세액을 포함시키는 것이다.

4) 환자 관점

한자는 약국에게 30원을 지급하였고, 이는 환자가 최종으로 부담해야 할 무가가치의 총합(300)의 부가가치세(10%)임.

→ 본인이 소비한 상품이 생산·유통되는 과정에서 발생한 과세대상 부가가치 (200+100)에 대한 세금을 전부 부담함.

환자는 면세제품의 구입으로 인해 지출금액이 550원에서 530원으로 경감되었다. 약국에서 창출한 부가가치세가 면제되다 보니, 환자가 최종으로 부담해야 할 부가가치의 총합도 500원에서 300원(=제약회사 200원+의약품 도매상 100원)으로 감소하였기 때문이다. 따라서 환자는 본인이 직접 세무서에 신고·납부한 금액은 없지만, 본인이 소비한 상품이 생산·유통 과정에서 발생한 모든 부가가치 중 면세대상을 제외한 만큼의 10%에 해당하는 부가가치세를 부담하게 된다.

[질문사항] 조제매출이 면세라면, 굳이 부가가치세 신고할 때마다 세무대리인에게 조제매출 정보를 주지 않아도 상관없는 것 아닌가요? 지금까지 매번 물어보길래 정보 찾아서 알려줬는데, 괜한 일을 했나 싶네요.

[답변] 아닙니다. 조제매출이 면세라 해도, 부가세 신고서에는 과세매출(일반매출)과 면세매출(조제매출)을 함께 표시하여 신고하도록 되어 있습니다. 아울러, 과세매출과 면세매출의 비율에 따라 부가가치세 납부(환급)세액이 달라질 수 있으니 꼭 정확한 수치로 알려주셔야 합니다.

3 약국이 일반의약품과 전문의약품을 동시에 판매할 경우

이렇게 면세와 과세를 비교하며 예시로 풀이해 보았다. 하지만 대한민국의 모든 약국은 면세대상인 조제에 사용되는 전문의약품 매출과 과세대상인 일반의약품 매출이 혼재되어 있다. 이렇듯 과세사업과 면세사업을 같이 영위하는 사업자를 겸업사업자라고 칭한다. 약국의 경우에는 일반약을 판매(과세사업)하면서, 동시에 처방전에 의해 조제약을 판매(면세사업)하고 있기 때문에 겸업사업자로 분류된다.

『 겸업사업자 ? 』

과세사업과 면세사업을 같이 영위하는 사업자

약국의 경우 일반약을 판매(과세사업)하면서,
동시에 조제약을 판매(면세사업)하므로 겸업사업자

매출의 측면에서, 약국의 일반의약품 매출에는 약국에서 창출한 부가가치만큼의 부가가치세가 부과되며, 면세대상인 전문의약품의 매출에는 부

가가치세가 부과되지 않는다. 그래서 약국의 부가가치세 신고서에는 일반
의약품의 판매에서 수취한 매출세액이 신고되며, 전문의약품의 매출은
신고서에 포함되지 않는다.

매입의 경우도 마찬가지이다. 일반의약품을 매입할 때에 지출한 매입세
액은 세무서에 신고해야 하지만, 조제에 사용된 전문의약품을 매입할 때에
지출한 매입세액은 세무서에 신고할 수 없다. 그래서 약국의 부가가치세
신고서에는, 전체 매입세액의 총합에서 면세대상 전문의약품에 해당하는
매입세액만큼을 차감하여 신고하게 된다.

결과적으로, 약국은 과세대상인 일반의약품의 매출세액에서 과세대상
매입세액을 차감한 뒤 그 잔액을 관할 세무서에 신고·납부하게 된다.

4 의약품의 면세와 과세 구분: 실제 사용된 사용처를 기준

『 실제 사용된 사용처를 기준으로 구분 』

세무적으로는 일반 매약에 사용된 약품인지 아니면 처방을 통해
조제에 사용된 약인지를 기준으로 하여 면세 또는 과세로 구분

의약품의 면세·과세에 대한 잘못된 분류는 일반의약품 판매 신고금액의
정확성을 해칠 수 있으며 실제 재고와 장부상 재고 간의 큰 차이를
야기할 수 있어 약사의 정확한 판단 필요

매입세금계산서에 표기된 내용이 일반의약품 또는 전문의약품으로 되
어 있더라도, 그 의약품이 면세사업과 과세사업 중 어디에 사용되었는지는
실제로 약국에서 사용된 용도에 따라 분류되어야 한다. 약사법에서는 전문

약 또는 일반약으로 분류하지만, 세무적으로는 일반 매약에 사용된 약품인지 아니면 처방을 통해 조제에 사용된 약인지를 기준으로 하여 면세 또는 과세로 구분한다.

이러한 약품을 실제로 분류하는 것은 약사만이 정확히 수행할 수 있다. 세무사무소에서는 매입세금계산서를 보고 그 사용처를 유추할 수밖에 없지만, 약을 실제로 어느 용도로 사용했는지는 약사만이 정확히 판단할 수 있기 때문이다. 의약품의 면세·과세에 대한 잘못된 분류는 일반의약품 판매 신고금액의 정확성을 해칠 수 있어 실제 재고와 장부상 재고 간의 큰 차이를 야기할 수 있다. 장부상 재고가 실제와 다르게 과하거나 부족하다면 세무서로부터 매출 누락이나 원가 과다 계상으로 여겨질 수 있어, 의심을 받을 가능성이 있기 때문이다.

관련 실무 사례

[질문사항] 매번 부가세 신고 때마다 세무대리인이 모든 약품 매입내역에 대해 전문의약품·일반의약품으로 일일이 분류해달라고 해요. 정말 너무 귀찮고 힘든 일인데, 이걸 세무대리인이 알아서 할 수는 없나요?

[답변] 세무대리인은 세무신고에 특화된 인력이며, 의약품에 대해서는 잘 알지 못합니다. 세무대리인이 직접 약품 매입내역의 면·과세 구분(전문·일반의약품 구분)을 수행한다면, 실제 약국에서 수행된 영업행위와는 다르게 세금이 신고 및 납부될 수 있습니다. 게다가 일부 일반의약품은 조제매출에도 전용될 수 있으므로, 약사님의 전문지식이 꼭 필요합니다.

5 면세와 과세를 구분하기 힘든 매입내역: 공통매입세액

『 공통매입세액으로 구분 』

약국의 임차료를 예시로 들 수 있으며, 이처럼 과세사업과 면세사업에
공통으로 사용되는 지출을 공통매입액이라 한다.

공통매입세액 중 면세사업과 관련된 부분은
부가가치세 신고에서 환급받을 수 없으므로 계산 방법은
면세관련 매입세액 = 공통매입세액 × (면세매출액 ÷ 총매출액)

매입내역은 이를 면세대상 용역인 조제행위와 관련된 매입인지, 아니면 과세대상인 약국의 일반의약품 등을 판매하기 위한 매입인지 분간하기 힘든 경우가 많다. 그 대표적인 경우가 바로 약국의 임차료이다. 약국사업을 영위하기 위해 필수적인 비용이지만, 이를 과세사업에 사용한 부분과 면세사업에 사용한 부분을 명확히 구분하기 위한 기준이 없기 때문이다. 또한 약국의 전기료, 통신료, 세무사무소나 노무사 사무실에 지출한 비용도 마찬가지이다.

이렇게 과세사업과 면세사업에 공통으로 사용되는 지출을 공통매입액이라 칭한다. 공통매입액에 부과된 매입세액(10%)을 공통매입세액이라고 보면, 공통매입세액 중 면세사업과 관련된 부분은 부가가치세 신고에서 환급받을 수 없다. 공통매입세액에서 면세사업 관련분을 계산하는 방법은, 총매출 중 면세사업에서 발생한 매출의 비중만큼 안분하여 금액을 계산한다. 계산된 면세관련 매입세액은 부가가치세 신고서상 매입세액에서 차감되어 환급세액을 줄이게 된다.

면세관련 매입세액 = 공통매입세액 × (면세매출액 ÷ 총매출액)

- 면세제도란 재화와 용역의 자체 성격상 특정재화나 용역에 대하여 부가가치세를 부과하지 않는 제도를 말한다.

- 면세대상은 주로 일반국민들의 기초적 생활에 필수적인 재화와 용역, 국민복리후생 및 문화관련 재화, 용역과 기타의 공익재화 등에 국한하고 있으며, 여기에는 약사가 제공하는 의약품의 조제용역도 포함되어 있다

- 면세제도는 면세사업자 단계에서 창출한 부가가치에 대한 부담을 면제하는 것이므로, 최종소비자 역시 그만큼 부가가치세를 경감받을 수 있다.

- 하나의 제품이 생산·유통되는 과정에는 여러 사업자를 거치게 되는데, 면세사업자 이전 단계에서 창출한 부가가치에 대해서는 여전히 소비자에게 부가가치세가 부과된다.

- 즉, 면세사업자 단계에서 창출한 부가가치만 면제되는 것이지, 전체 부가가치세가 전부 면제되는 것은 아니다.

- 약국의 경우에는 일반약을 판매(과세사업)하면서, 동시에 처방전에 의해 조제약을 판매(면세사업)하고 있기 때문에 겸업사업자로 분류된다.

- 매입세금계산서에 표기된 내용이 일반의약품 또는 전문의약품으로 되어 있더라도, 그 의약품이 면세사업과 과세사업 중 어디에 사용되었는지는 실제로 약국에서 사용된 용도에 따라 분류되어야 한다.

- 세무사무실에서는 매입세금계산서를 보고 그 사용처를 유추할 수밖에 없지만, 약을 실제로 어느 용도로 사용했는지는 약사만이 정확히 판단할 수 있기 때문이다.

- 과세사업과 면세사업에 공통으로 사용되는 지출을 공통매입액이라 한다.

- 공통매입액에 부과된 매입세액(10%)을 공통매입세액이라 하면, 공통매입세액 중 면세사업과 관련된 부분은 부가가치세 신고에서 환급받을 수 없다.

- 공통매입세액에서 면세사업 관련분을 계산하는 방법은, 총매출 중 면세사업에서 발생한 매출의 비중만큼 안분하여 금액을 계산한다.

Chapter

3

약국의 부가가치세 신고·납부 시기

1 부가가치세 신고 및 납부시기: 부가가치세 확정신고

약국은 1년에 총 2번의 부가가치세 신고를 하게 된다. 약국에서는 6개월
을 단위로 1과세기간으로 하여 부가가치세를 신고 및 납부하게 되며, 이를
부가가치세 확정신고라고 한다. 각 과세기간은 1년 중 1기(1월~6월)와
2기(7월~12월)로 나뉜다. 1기의 신고·납부기한은 매해 7월 25일까지이
고, 2기의 신고·납부기한은 그 다음해의 1월 25일까지이다. 부가가치세
신고를 하였을 시 납부할 세액이 0이라면 신고만으로 마무리되지만, 납부
할 세액이 0보다 크다면 납부까지 각 기한 내에 마쳐야 한다.

약국은 1년에 총 2번의 부가가치세 신고

- 1기(1월~6월) → 신고·납부기한 7월 25일까지
- 2기(7월~12월) → 신고·납부기한 다음해 1월 25일까지

실제로 아무런 매출이 발생하지 않았거나, 매입이 아무것도 발생하지 않은 경우라 하더라도 부가가치세 신고는 하여야 한다. 예를 들어 개국을 6월 30일에 하였고, 사업준비단계부터 6월 30일까지 아무런 거래가 없었다고 가정하더라도, 7월 25일까지는 부가가치세 신고를 수행해야 한다. 다만 이 경우에는 '무실적 신고'로 진행되며, 통상적인 부가가치세 신고보다 절차가 간단한 편이다.

›› 부가가치세 확정신고납부 기간

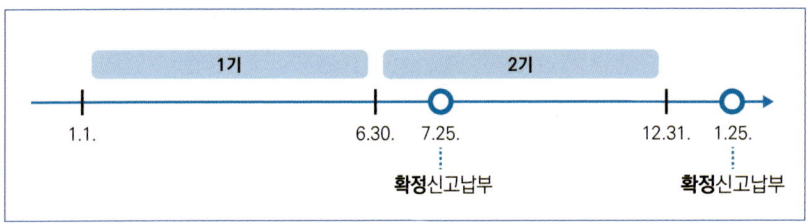

2 부가가치세의 중간납부: 부가가치세 예정고지

부가가치세 예정고지납부 대상:
직전 부가세 확정신고 시 납부한 금액이 50만원 이상인 약국

→ 4월 25일과 10월 25일까지 세무서에서 고지한 금액 납부

또한 1월 25일과 7월 25일이 아니더라도, 4월과 10월에 세무서로부터 부가가치세를 납부하는 통지서를 받는 약국이 있을 수 있다. 이는 부가가치세 예정고지납부 대상이어서 그러하다. 부가가치세 예정고지는 직전 부가세 확정신고 시 납부한 금액이 50만원 이상인 약국에 한해 적용되는 제도로, 1기의 중간인 4월 25일과 2기의 중간인 10월 25일까지 세무서에서 고지한 금액을 납부해야 한다. 세무서에서 고지하는 금액은 직전 과세기간에 낸 부가가치세 납부세액의 50%이다. 예를 들어 7월 25일에 납부한 세금이 80만원이라면, 10월 중으로 80만원의 50%인 40만원을 납부하라는 고지서를 받게 된다. 이 예정고지 때에 약국이 납부한 금액은 차후 부가가치세 확정신고할 때에 내야 할 총 납부세액에서 차감처리된다.

▶▶ 부가가치세 예정고지납부 기간

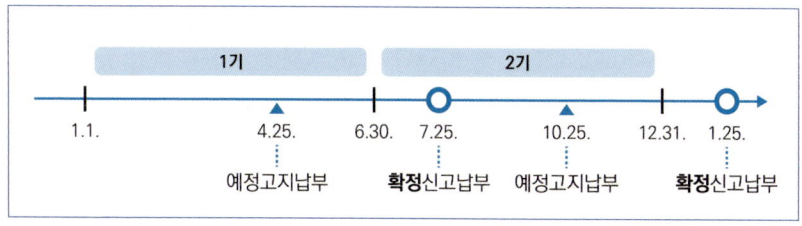

3 폐업 시 부가가치세 신고 시기

『 폐업 시 신고 시기 』

폐업신고일이 속하는 날의 다음 달 25일까지 신고
폐업신고일: 폐업신고서에 기재된 폐업일자

폐업할 경우, 사업자는 폐업일이 속하는 달의 다음 달 25일까지 폐업 신고를 해야 하며, 이와 함께 해당 기간의 부가가치세 신고 및 납부를 마쳐야 한다. 즉, 사업을 종료하게 되면, 폐업하는 그 달을 포함하여 그 이전의 정기 부가가치세 신고 기간 외에 추가로 폐업신고를 해야 하며, 이때 발생한 부가가치세까지 계산하여 신고 및 납부 과정을 완료해야 한다. 이는 폐업하는 사업자가 마지막 사업 기간 동안의 경제 활동에 대한 세금 책임을 완수해야 한다는 원칙에 기반한다.

여기서 폐업신고일이란, 폐업신고서를 접수한 날짜가 아니라 폐업신고서에 기재된 실질적인 폐업일을 의미한다. 예를 들어 약국장 A가 3월 17일에 4월 30일을 폐업일자로 하여 폐업신고를 수행하였다면, 약국장 A는 5월 25일까지 부가가치세 신고 및 납부를 완료해야 한다. 만일 기한 내에 부가가치세 신고를 마치지 않을 경우, 미신고가산세나 납부불성실가산세 등의 부담을 질 수 있으므로 주의가 필요하다.

관련 실무 사례

[질문사항] 폐업할 때 부가가치세 신고 외에 따로 신고해야 할 건 없을까요?

[답변] 폐업 신고되면 약국장님의 건강보험은 직장가입자에서 지역가입자로 전환됩니다. 폐업 후 소득이 없을 것으로 예상된다면 폐업사실증명원을 제출하여 건강보험료 조정이 가능합니다.

아울러, 보통의 경우와 다르게 지급명세서도 제출해야 합니다.

1) 일반 지급명세서: 폐업일이 속하는 달의 2개월 뒤 말일까지

2) 일용근로소득지급명세서와 간이지급명세서: 폐업일이 속하는 달의 다음 달 10일까지

대표적인 두 가지에 대해 말씀드렸으며, 추가로 신고가 필요한 세부 사항에 대해서는 세무대리인에게 문의해 주시기 바랍니다.

- 약국에서는 6개월을 단위로 1과세기간으로 하여 부가가치세를 신고 및 납부하게 되며, 이를 부가가치세 확정신고라고 한다.

- 부가가치세 확정신고의 각 과세기간은 1년 중 1기(1월~6월)와 2기(7월~12월)로 나뉜다.

- 실제로 아무런 매출이 발생하지 않았거나, 매입이 아무것도 발생하지 않은 경우라 하더라도 부가가치세 신고는 하여야 한다(무실적 신고).

- 부가가치세 예정고지는 직전 부가세 확정신고 시 납부한 금액이 50만원 이상인 약국에 한해 적용되는 제도로, 1기의 중간인 4월 25일과 2기의 중간인 10월 25일까지 세무서에서 고지한 금액을 납부해야 한다.

- 부가가치세 예정고지 때 세무서에서 고지하는 금액은 직전 과세기간에 낸 부가가치세 납부세액의 50%이다.

- 폐업할 경우, 사업자는 폐업일이 속하는 달의 다음 달 25일까지 폐업신고를 해야 하며, 이와 함께 해당 기간의 부가가치세 신고 및 납부를 마쳐야 한다.

- 여기서 폐업신고일이란, 폐업신고서를 접수한 날짜가 아니라 폐업신고서에 기재된 실질적인 폐업일을 의미한다.

- 기한 내에 부가가치세 신고를 마치지 않을 경우, 미신고가산세나 납부불성실가산세 등의 부담을 질 수 있다.

성격인 가산세를 부담해야 한다. 이번 장에서는 약국장이 의무적으로 발행 및 수취해야 하는 적격증빙들에 대해 살펴보도록 한다.

1 부가가치세 신고를 결정하는 것은 증빙: 적격증빙

『 적격증빙 』

부가가치세 납부 의무가 있는 사업자가 사업과 관련된 재화나 용역을 공급받았으며 그 대가를 지급했음을 입증해 주는 증빙

적격증빙이란, 부가가치세 납부 의무가 있는 사업자가 사업과 관련된 재화나 용역을 공급받았으며 그 대가를 지급했음을 입증해 주는 공식 서류이다. 즉, 이 적격증빙을 갖추고 있으면 세법과 국세청에서 매출·매입으로 인정받을 수 있다.

『 적격증빙의 종류 』

01	02	03	04
신용카드 전표	현금영수증	세금계산서	계산서

적격증빙의 종류로는 매출과 매입의 경우 모두 동일하다. 다음의 4가지로, ① 신용카드 전표, ② 현금영수증, ③ 세금계산서, ④ 계산서이다. 거래과정에서 이 4가지 증빙 중 1개라도 갖추면 해당 거래를 법적으로 인정받을 수 있다. 즉, 돈을 쓰면서 위 증빙을 받으면 부가가치세에서 비용으로 인정받는 것이고, 돈을 받으면서 위 증빙을 발행하면 부가가치세에서 매출로 인정받는 것이다.

2 약국의 매출: 적격증빙 의무 발행

약국뿐 아니라 모든 사업자는 매출이 발생할 때 적격증빙을 적법하게 발행해야 한다. 만일 적격증빙을 발행하지 않는다면, 세법상 과태료 성격인 가산세를 부담하게 되고, 또한 매출의 과소신고로 인해 추후 세무조사 시 거액의 세부담을 떠안을 수 있다.

현재에는 어떤 업종이든 소비자가 상품을 구매할 때 카드로 결제하는 경우가 많으나, 가끔 현금으로 결제하는 경우가 있다. 이럴 때에는 현금영수증을 발행해 주어야 하며, 이를 통해 소비자는 연말정산 시 소득공제를 받을 수 있다. 현금영수증은 상품을 판매하고 손님이 현금으로 대금을 지불할 때 발행되는 영수증을 의미한다. 일반적으로 판매자가 소비자에게 발급하도록 요청하지만, 현금영수증 발행이 의무적인 업종도 있다.

> 약국은 2020년부터 현금영수증 발급 의무발행업종에 포함되어
> 조제약 판매와 일반약 판매의 구분 없이 총판매액이 10만원 이상 시
> 반드시 현금영수증을 발급해야 한다.

약국도 2020년부터 현금영수증 의무발행업종에 포함되어, 조제약 판매와 일반약 판매의 구분 없이 총판매액이 10만원을 넘어가면 손님의 요청과 관계없이 반드시 현금영수증을 발급해야 한다. 주의할 점은 조제약 판매에서는 총판매액이 10만원을 넘어가는 경우 현금영수증을 발행해야 하는데, 이 총판매액에는 본인부담금에 공단부담금을 포함한 금액이 해당된다. 즉, 환자가 부담할 본인부담금에 공단에 청구할 공단부담금까지 모두 고려하여 현금영수증 발급 여부를 판단해야 한다. 만약 모두 고려한 판매액이 10만원을 넘는다면, 〈본인부담금, 공단부담금, 기타매출액〉 중

공단부담금을 제외한 본인부담금과 기타매출액에 대해서만 현금영수증을 발급하면 된다.

관련 실무 사례

[질문사항] 조제매출로 본인부담금 2만원과 일반의약품 2만원을 결제할 시, 현금영수증을 발행해야 하나요?

[답변] 현금영수증은 총판매액이 10만원 초과일 시 발행해야 하는데, 여기에는 공단청구액까지 고려되어야 합니다. 그래서 〈본인부담금 + 공단 청구액 + 그 외 판매액〉의 합계가 10만원이 초과할 시, 현금영수증이 발행되어야 합니다.

본 사례에서는, 공단청구액이 6만원을 초과할 시 현금영수증이 발행되어야 합니다. 그러므로 약국에서는 청구프로그램에서 공단청구액을 확인한 뒤 현금영수증 발행 여부를 결정해야 합니다.

현금영수증 의무발급업종 사업자가 현금영수증을 발행하지 않거나 지연 발행 시, 발급의무 위반으로 거래금액의 20%에 해당하는 가산세를 부담하게 된다. 손님의 요청이 없거나 손님의 인적사항을 모르더라도 거래대금을 받은 날로부터 5일 이내에 국세청 지정코드(010-0000-1234)로 자진발급을 해야 한다. 현금영수증 발행 시기를 놓친 경우 미발행으로 간주되어 가산세를 부담해야 하므로, 가급적 현금영수증의 발행은 매일 체크하는 것이 바람직하다.

> 현금영수증 의무발급업종 사업자가 현금영수증을 발행하지 않거나 지연 발행 시, 발급의무 위반으로 거래금액의 20%에 해당하는 가산세를 부담함.

다만 매번 현금영수증 발행을 위해 공단부담금을 일일이 확인하는 것이 약국 입장에서는 부담이 된다. 이에 현재 대부분의 청구프로그램(PMS)

관리업체에서는 현금영수증의 자동 발행을 지원하고 있다. 각 약국장들은 본인이 쓰고 있는 PMS가 현금영수증의 자동발급을 지원하는지 확인하여 이를 사용하는 것이 약국 경영에 한층 도움이 될 것이다. 또한 POS시스템에서도 10만원을 넘어가는 경우 현금영수증 자진발급 기능을 사용할 수 있다. POS시스템은 향후 세무조사가 시행될 경우, 약국의 판매 내역을 그대로 노출하기 때문에 가급적 현금영수증이 자진발급 되도록 설정해 놓는 것이 추후 거액의 세부담을 예방할 수 있는 방법이다.

3 약국의 매입: 적격증빙 수취 필요

약국이 매출할 때에 적격증빙을 적법하게 발행해야 하듯이, 약국이 매입할 때 또한 적격증빙을 적법하게 수취해야 한다. 만일 이러한 적격증빙을 수취하지 못하였다면, 부가가치세 신고에서는 매입으로 인정받을 수 없다. 실제 사업과 관련된 지출이라고 하더라도, 실제로 증빙이 없으면 세무서에서는 이를 비용으로 인정하지 않는다. 이는 곧 부가세 납부세액의 증가로 이어지므로, 약국장들은 지출과정에서 서래 상대방에게 적격증빙을 요구하고 수취해야 한다.

『 예외: 간이과세자 』

간이과세자 는 거래 상대방 중 적격증빙을 법적으로 발급 불가능한 사업자

→ 매출규모가 연 8천만원 이하이면서 몇몇 업종을 제외한 매우 영세한 사업자들을 부가가치세법에서는 간이과세자로 분류

다만 거래 상대방 중 적격증빙을 법적으로 발급 불가능한 사업자가 있을 수 있다. 이들은 간이과세자라고 하여, 매출규모가 연 8천만원 이하이면서

몇몇 업종을 제외한 매우 영세한 사업자들을 부가가치세법에서는 간이과세자로 분류하여 세금계산서 대신 영수증을 발급하도록 되어 있다. 해당 간이과세자들로부터 물품을 구매할 경우에는 신용카드 전표나 현금영수증을 수취하였더라도 부가세 매입세액으로 인정받을 수 없다. 하지만 이러한 경우라도 증빙을 보관해야 한다. 비록 부가가치세에서는 비용으로 인정받지 못하더라도, 종합소득세에서는 비용으로 인정받을 수 있기 때문이다.

만일 간이과세자가 아님에도, 아무런 증빙 없이 거래를 진행하기를 원하는 사업자들도 있다. 일명 무자료거래(현금거래)라고 불리는 것으로, 보통 매출규모를 축소하여 신고하기를 원하는 사업자들이 증빙 없이 현금으로 거래를 진행하려고 한다. 통상적으로 무자료거래가 일반적인 거래(증빙 수취 거래)에 비해 결제금액이 낮기는 하지만, 무자료거래를 하게 될 시 부가가치세에서 매입세액으로 비용처리도 되지 않고 또한 종합소득세에서도 비용으로 인정받지 못한다(거래명세서조차 받지 못하였을 때를 가정함). 따라서 세금 부담까지 모두 고려할 시, 약국 입장에서는 무자료거래보다는 증빙을 수취하여 거래를 진행하는 것이 절세 측면에서 훨씬 더 유리하다.

4 상대방이 무자료거래를 강요할 경우: 매입자발행 세금계산서

『 무자료거래 』

아무런 증빙 없이 거래를 진행하는 것

부가가치세 및 종합소득세에서 비용으로
인정받지 못해 절세 측면에서 불리

무자료거래를 상대방이 강요한다거나, 세금계산서상 발행된 금액이 실제로 거래되는 현금 대비 적은 경우가 약국의 사업과정에서는 종종 발생한다. 이렇게 되면 약국이 매입자로써 실제 지출한 금액에 비해 세법상 비용 인정이 되지 않아 세금부담이 가중될 수 있다. 이처럼 매출처(판매자)가 세금계산서를 제대로 발급해주지 않을 때, 매입처(약국)가 직접 세금계산서를 신청·발급하는 제도인 매입자발행 세금계산서 제도를 활용할 수 있다. 참고로 세금계산서뿐만 아니라, 면세 재화·용역을 공급받고 계산서를 받지 못했을 경우에도 매입자가 직접 계산서를 발행할 수 있다.

『 매입자발행 세금계산서 제도 활용 』

세금계산서뿐만 아니라 면세 재화·용역을 공급받고
계산서를 받지 못했을 경우에도 매입자가 직접 계산서 발행 가능

매입자발행 세금계산서 제도의 경우 해당 공급 시기가 속하는 과세기간의 종료일로부터 6개월 이내에 세무서에 신청할 수 있으며, 이러한 경우 거래 증빙이 필요하고, 거래 명세서, 영수증, 계약서, 이체확인증 등의 증빙서류를 첨부하여 거래 사실 확인 신청서를 신청하게 된다. 만약 컨설팅 수수료 지급시점이 5월 2일이었다고 하면 1기 과세 기간 종료일 6월 30일로부터 6개월 이내에 관할 세무서에 신청하면 된다. 관할 세무서에서는 공급자의 관할 세무서로 해당 내역을 통지하고 신청일의 다음 달 말일까지 해당 업무 처리 여부를 통지해야 한다. 담당 세무서로부터 거래확인 통지를 받으면 세금계산서를 발행한 것으로 보고, 부가가치세 공제와 비용처리가 가능해진다.

다만 이 경우, 약국이 매입자발행 세금계산서를 발행한다면 자연스레 상대방의 매출이나 소득도 올라가게 된다. 그러면 그 거래 상대방 입장에서는 당황스러울 것이다. 당초 본인의 소득을 숨기기 위해 증빙 없이 현금거래를 유도하였을 텐데, 약국의 세금계산서 역발행으로 다 무산되었기 때문이다. 물론 법적인 다툼으로 간다고 하면 약국 입장에서는 전혀 법적으로 불리할 게 없고, 단기적으로 더 유리한 처사임은 확실하다. 하지만 이와 별개로 약국과 거래 상대방과의 사업상 관계가 매우 악화될 가능성이 있으니, 가급적이면 당초 거래의 시작단계부터 무자료거래가 아닌 증빙을 주고받는 거래를 택하는 것이 바람직할 것이다.

관련 실무 사례 1

약사가 매입할 때 무자료거래

[질문사항] 거래처에서 거액의 인테리어를 집행하면서 증빙 없이(무자료거래) 진행하자고 하네요. 제가 지출할 비용이 약 4천만원 정도인데, 이럴 경우 나중에 제 약국에 얼마나 불이익이 생길까요?

[답변] 약국장님의 매출규모에 따라 금액은 달라지나, 대략 소득세율을 30%, 총매출 대비 과세매출 비중을 20%로 가정하여 설명 드리겠습니다.
총 세금 손해액(예상): 1,300만원(거래액 대비 32.5%)
① 종합소득세 과다신고액: 4,000만원 × 30% = 1,200만원
② 부가가치세 과다신고액: 4,000만원 × 10% × 20% = 80만원
③ 부가가치세 매입세금계산서합계표 불성실가산세: 4,000만원 × 0.5% = 20만원

약사가 매출할 때 무자료거래

[질문사항] 제가 타 약국에 품절약품을 판매하면서 아무런 증빙 없이 현금과 약만 주고받았습니다. 거래액 전체가 연단위로 약 6백만원 정도인데, 이럴 경우 나중에 제 약국에 얼마나 불이익이 생길까요?

[답변] 약국장님의 매출규모에 따라 금액은 달라지나, 대략 소득세율을 30%, 총 매출 대비 과세매출 비중을 20%, 1년 뒤 세금추징되는 상황을 가정하여 설명드리겠습니다.

총 세금추징액(예상): 296만원(거래액 대비 49.33%)

① 종합소득세 과소신고액: 600만원 × 30% = 180만원

② 종합소득세 과소신고가산세: 180만원 × 40%(부정행위 시 가산세율) = 72만원

③ 종합소득세 납부지연가산세: 180만원 × 8.03%(1일당 0.022%) = 14만원

④ 부가가치세 과소신고액: 600만원 × 10% × 20% = 12만원

⑤ 부가가치세 과소신고가산세: 12만원 × 40% = 5만원

⑥ 부가가치세 납부지연가산세: 12만원 × 8.03% = 1만원

⑦ 부가가치세 세금계산서 미발급가산세: 600만원 × 0.5% = 12만원

- 적격증빙이란, 부가가치세 납부 의무가 있는 사업자가 사업과 관련된 재화나 용역을 공급받았으며 그 대가를 지급했음을 입증해 주는 공식 영수증이다.

- 적격증빙의 종류는 ① 신용카드 전표, ② 현금영수증, ③ 세금계산서, ④ 계산서이다.

- 매출이 발생할 때 적격증빙을 발행하지 않는다면 가산세를 부담하게 되고, 추후 세무조사 시 거액의 세부담을 떠안을 수 있다.

- 약국은 2020년부터 현금영수증 의무발행업종에 포함되어, 조제약 판매와 일반약 판매의 구분 없이 총판매액이 10만원을 넘어가면 손님의 요청과 관계없이 반드시 현금영수증을 발급해야 한다.

- 현금영수증 의무발급업종 사업자가 현금영수증을 발행하지 않거나 지연 발행 시, 발급의무 위반으로 거래금액의 20%에 해당하는 가산세를 부담하게 된다.

- 매입할 때 적격증빙을 수취하지 못하였다면, 부가가치세 신고에서는 매입으로 인정받을 수 없다.

- 다만 간이과세자라고 하여, 매출규모가 연 8천만원 이하이면서 몇몇 업종을 제외한 매우 영세한 사업자들을 부가가치세법에서는 간이과세자로 분류하여 세금계산서 대신 영수증을 발급하도록 되어 있다.

- 무자료거래를 하게 되면 부가가치세 및 종합소득세에서 비용으로 인정받지 못해 절세 측면에서 불리하게 된다.

- 이럴 경우, 약국은 매입자발행 세금계산서 제도를 이용하여 구제받을 수 있다.

Chapter
5

부가가치세 신고 시 면세·과세의 구분

　보통의 사업자들과는 다르게, 약국은 면세와 과세를 같이 운영하는 겸영 사업자라는 특징을 가지고 있다. 그러다 보니 과세와 면세를 구분해서 신고해야 하는데, 이를 구분하는 기준은 대부분 약국이 판매한 총 의약품 들이 ① 어느 용도(매약, 처방조제)로 쓰였는지, ② 각 용도별 얼마나 팔렸는지(매출액)에 따라 결정된다. 이를 가장 정확히 구분해 낼 수 있는 사람은 바로 약국의 약사이다. 이번 장에서는 약사가 부가세 신고를 위해 준비해야 할 매출·매입 자료구분에 대해 알아보도록 한다.

1 부가가치세 매출내역: 면세와 과세의 구분 필요

『 조제매출과 일반매출 』

처방전에 의한 매출
(금연처방 포함)

면세

일반의약품, 화장품,
건강기능식품 등 판매

과세

　약국의 매출은 크게 조제매출과 일반매출로 나뉜다. 여기서 조제매출은 처방전에 의한 조제로 인해 발생한 매출을 말하며, 금연처방 또한 포함된다. 그리고 일반매출은 일반의약품, 건강기능식품, 화장품 등의 판매가 해당된다. 조제매출은 부가가치세법상 면세로 취급되며, 일반매출은 과세로 취급된다. 총매출액 중 면세매출의 총금액이 얼마인지에 따라 약국이 납부해야 할 부가세가 달라지게 되므로, 면세매출과 과세매출을 정확히 구분하는 것이 중요하다. 즉, 약국은 일반매출과 조제매출을 정확히 구분해서 신고해야 한다.

　약국에서 매출신고를 위해 세무사무실에 제출하는 자료는 크게 두 가지이다. PMS와 POS자료이다. PMS자료는 심평원에 청구하기 위한 자료이므로, 전부 처방전으로 인한 조제매출 금액이 기록되어 있다. 그런데 POS 프로그램에는 조제매출과 일반매출이 혼재되어 있다. POS프로그램에는 약국에 내방한 환자나 손님들이 직접 결제한 금액들이 기록되어 있는데 그 결제내역에는 처방전에 의한 조제매출이 있고, 매약으로 인한 일반매출이 따로 있기 때문이다.

요즘 약국가의 과반을 차지하는 POS프로그램에서는, 결제시점에 자동으로 조제매출과 일반매출을 구분하여 입력하고 있다. 판매되는 약품의 바코드를 POS에서 인식하여, 이를 청구프로그램과 연동하면 해당 약이 일반의약품인지 전문의약품인지 구분가능하기 때문이다. 그런데 일부 POS프로그램에서는 조제매출과 일반매출의 구분을 약사가 직접 수동으로 해야 한다.

이럴 경우 카드 결제나 현금영수증 발행 시, 조제매출과 일반매출을 건별로 구분하여 기록해야 한다. 이것을 구분하는 행위 자체가 약국을 더 바쁘게 하겠지만, 이를 제대로 하지 않을 경우 추후 세금 문제에서 매우 불리해질 가능성이 있다. 실제보다 일반매출이 과다 신고될 경우 부가세로 내야 할 세금이 높아지고, 그렇다고 조제매출이 과다 신고될 경우 추후 세무서에서 추징할 시 과세매출 누락으로 큰 불이익을 받을 수 있다.

| PMS와 POS자료 |

PMS 자료	심평원에 청구하기 위한 자료이므로 전부 처방전으로 인한 조제매출 금액이 기록
POS 자료	조제매출과 일반매출이 혼합되어 있으므로 추후 세금에 대한 문제가 생기지 않기 위해 구분해서 기록

따라서 약국에서 POS기에 입력된 매출금액을 조제매출과 일반매출로 정확히 분류하는 것은, 실무상 어려움이 있더라도 실제 발생 내역과 크게 벗어나지 않도록 맞추는 과정이 중요하다. 그래야만 매출금액 자체의 신고도 정확해지고, 또한 매입내역 중 공통매입세액을 정확하게 계산해 낼 수 있기 때문이다.

2 부가가치세 매입내역: 면세와 과세의 구분

『 조제·일반매입과 공통매입 』

전문의약품 관련
매입(면세)

일반의약품 관련
매입(과세)

임차료, 소모품 구매비용 등
공통매입 관련

약국의 매입 측면에서도, 조제매출에 쓰이는 전문의약품 관련 매입과 일반매출에 쓰이는 일반의약품 관련 매입이 대표적이다. 그런데 여기에 더하여, 조제용도와 일반용도 중 어느 용도로 사용했는지 구분하기 어려운 공통매입액도 있다. 약국의 임차료, 기타 경비나 소모품 구매비용 등이 공통매입액에 해당된다.

일반적으로 세무사무실에서 매입내역을 구분할 때에는 세금계산서상 적요를 보거나 카드명세서상 결제된 거래처명을 토대로 그 용도를 조제와 일반 중 하나로 구분한다. 그런데 몇 가지 이유로 인해서, 약사가 세무사무실과 함께 그 용도를 구분해야 하는 경우가 있다. 그 대표적인 사례들을 아래에 정리하였다.

① 세금계산서상 전문약 또는 일반약으로 구분되지 않고 제품명만 적혀 있거나, 여러 개 약품을 하나의 세금계산서로 발행된 경우(예: 일반약_### 외 N건)

② 카드매입내역 중 거래처가 PG사(네이버파이낸셜 등)로 조회되는 등 지출내역의 용도를 알 수 없는 경우

③ 일반의약품을 매입했으나, 이를 실제로 사용했을 때는 조제매출에 사용하는 경우

① 세금계산서상 전문약 또는 일반약으로 구분되지 않고 제품명만 적혀 있거나, 여러 개 약품을 하나의 세금계산서로 발행된 경우(예: 일반약 _### 외 N건)

세무사무실에서 제품명을 토대로 검색과 자료분석을 통해 일반약과 전문약 구분을 수행하더라도, 그 구분을 가장 정확히 할 수 있는 사람은 약사이므로 최종 검토는 필요하다. 따라서 세무사무실에서는 매입의약품 리스트를 보내주며 약국의 확인을 받고 있으며, 약국장은 수정할 사항이 없는지 검토해야 한다.

② 카드매입내역 중 거래처가 PG사(네이버파이낸셜 등)로 조회되는 등 지출내역의 용도를 알 수 없는 경우

세무사무실에서 자체 보유한 데이터베이스에 없는 거래처가 등장하거나, 네이버페이 등을 통해 결제된 대금은 거래처명 만으로는 결제 내역이 어떤 용도로 지출되었는지 세무사무소는 확인할 방법이 없다. 이럴 경우 세무사무소는 약국에게 해당 내역에 대해 문의하게 되며, 약국장은 그 결제내역을 정확하게 알려주어야 한다.

③ 일반의약품을 매입했으나, 이를 실제로 사용했을 때는 조제매출에 사용하는 경우

처방전에 기록된 전문의약품이 모두 소진되었거나 하는 등의 이유로, 전문의약품과 동일한 효능을 가진 일반의약품을 조제매출에 대체조제하는 경우가 있다. 이럴 경우 일반의약품 매입내역은 면세로 분류되어야 한다. 다만 이러한 경우처럼 매입분류와 실제 사용용도가 다른 경우는 세무사무실에서는 알 방법이 없고, 약국에서 직접 수정해서 세무사무실에 알려주어야만 한다.

약국에 있어 매입내역의 분류는 단순한 작업으로 보일 수 있지만, 실제로는 세무신고의 정확성과 재고 관리에 큰 영향을 미치는 중요한 작업이다. 그러므로 세무사무실과 약국은 상호 협업하에 신고내용을 최대한 실제에 가깝게 맞추는 과정이 필요하다.

📖✓ 요약

- 총매출액 중 면세매출의 총금액이 얼마인지에 따라 약국이 납부해야 할 부가세가 달라지게 되므로, 면세매출과 과세매출을 정확히 구분하여 신고해야 한다.

- 실제보다 일반매출이 과다 신고될 경우 부가세로 내야 할 세금이 높아지고, 조제매출이 과다 신고될 경우 추후 과세매출 누락으로 큰 불이익을 받을 수 있다.

- 이를 위해 PMS와 POS자료를 이용할 수 있는데, 조제매출과 일반매출을 모두 포함하는 매출내역은 POS자료에서만 확인할 수 있다.

- 약국은 POS기에 입력된 매출금액을 조제매출과 일반매출로 정확히 분류해야 한다. 실무상 어려움이 있더라도 실제 발생 내역과 크게 벗어나지 않도록 맞추어야 한다.

- 일반적인 매입내역은 세무대리인이 면세·과세 분류가 가능하나, 아래와 같은 경우에는 약사의 도움을 받아야만 정확한 분류가 가능하다.
  ① 세금계산서상 전문약 또는 일반약으로 구분되지 않고 제품명만 적혀 있거나, 여러 개 약품을 하나의 세금계산서로 발행된 경우(예: 일반약_### 외 N건)
  ② 카드매입내역 중 거래처가 PG사(네이버파이낸셜 등)로 조회되는 등 지출내역의 용도를 알 수 없는 경우
  ③ 일반의약품을 매입했으나, 실제로 사용했을 때는 조제매출에 사용하는 경우

개국 과정의 부가가치세

약국을 처음 오픈할 때는 사업자등록을 받기 전에 많은 비용이 들기 마련이다. 대표적으로 인테리어비용을 들 수 있다. 인테리어비용은 몇 천만원이 들어가는 거액의 비용이라, 그 10%인 부가가치세 매입세액 또한 몇 백만원에 달한다. 그런데 이 시점에는 사업자등록증이 발급되기 전이므로, 세금계산서가 발행되지 않아 그 몇 백만원의 매입세액을 환급받을 수 없다고 생각하는 약국장들이 많다. 후술하겠지만, 이는 사실이 아니며 모두 환급받을 수 있다. 이번 장에서는 개국 과정에서 사업자등록증 발행 이전에 지출한 매입세액을 환급받는 과정에 대해 살펴보도록 한다.

1 사업자등록증 발급 전이라도 매입세액 환급 가능

> 사업자등록번호가 없어도 사업자등록번호가 기재되어야 할 부분에 개국약사의 주민등록번호를 기재하여 세금계산서를 받을 수 있으며, 매입세액 환급 또한 받을 수 있다.

사업자등록증이 발급되기 전에는 세금계산서를 수취할 수 없다고 생각하는 약국장들이 많다. 왜냐하면 아직 사업자등록증도 없고, 사업자등록번호도 받지 않은 상태이기 때문이다. 그런데 이 경우에도 세금계산서를 수취할 수 있다. 본래 사업자등록번호가 기재되어야 할 부분에, 개국약사의 주민등록번호를 기재하여 세금계산서를 받을 수 있다. 그러면 세법상 적격증빙을 갖춘 것이므로, 당연히 매입세액 환급 또한 가능하다.

일반적으로 인테리어와 같은 경우에는 카드결제가 어려울 수 있으므로 세금계산서를 받아야 부가가치세를 환급받을 수 있다. 또한 기존 약국을 포괄양수도가 아닌 방식을 통해 인수받을 때에도 주민등록번호를 통해 세금계산서를 받을 수 있다. 이 두 가지 경우는 거래금액이 워낙 크다 보니, 카드전표나 현금영수증 등 다른 적격증빙을 수취하기보다는 세금계산서를 주고받는 게 통상적이기 때문이다.

> 세금계산서를 발급받지 못했더라도, 세금계산서 외의 적격증빙(현금영수증, 카드매출전표)을 갖추게 된다면 부가가치세 환급이 가능하다.

설령 세금계산서를 발급받지 못했다고 하더라도, 세금계산서 외의 적격증빙을 갖추게 된다면 부가가치세 환급이 가능하다. 사업자등록증 발급 전에 약국 개국과 관련한 경비가 발생했다면, 그 거래 상대방에게 카드전표나 현금영수증을 수취할 시 부가가치세 환급이 가능하다. 다만 이 경우 그 적격증빙상 기재된 명의는 약국장 본인이어야 한다.

2 20일 안에 사업자등록 필요

사업자등록 전에 지급한 매입세액을 세무서에 신고하고 환급받기 위해서는, 일정 기간 내에 사업자등록을 신청해야 한다. 그 기간이란, 해당 상품이나 서비스의 공급시기가 속하는 과세기간이 끝난 후 20일 안이다. 이 기간 내에 등록을 하지 않는다면, 하루 차이로도 매입세액공제를 받을 수 없으므로 약국장은 특히 주의를 기울여야 한다.

▶▶ 매입세액 환급받기 위한 사업자등록증 신청기한

구분	등록기한
1.1.~6.30. 사이에 매입한 경우	당해연도 7.20.까지
7.1.~12.31. 사이에 매입한 경우	다음연도 1.20.까지

3 현금영수증 수취할 시 지출증빙용으로 변경 필요

『 현금영수증의 2가지 종류 』

- 소득공제용: 근로자들이 연말정산 때 소득공제를 받기 위해 쓰는 것
- 지출증빙용: 개인사업자들이 소득세나 부가가치세 신고할 때 쓰는 것

→ 사업자등록번호가 있어야만 가능

사업자등록 전에 발급받았던 소득공제용 현금영수증은 지출증빙용 현금영수증으로 변경해야만 매입세액을 환급받는 데에 활용할 수 있다. 소득공제용은 주로 근로자들이 연말정산 때 소득공제를 받기 위해 쓰는 것이고, 지출증빙용은 개인사업자들이 소득세나 부가가치세 신고할 때에 쓰이므로 사업자등록번호가 있어야만 가능하다. 그런데 사업자등록 전에는 사업자등록번호가 없었을 것이므로, 현금영수증을 소득공제용으로 발급받았을 것이다. 이를 지출증빙용으로 변경해야만 한다.

소득공제용 현금영수증을 지출증빙용으로 바꾸는 절차는 아래와 같다.

① 현금영수증에 기재된 매입처 사업자등록번호, 주소, 승인번호, 결제일시, 결제금액 등 확인

② 매입처 관할 세무서 대표번호 전화

③ 담당자와 통화해 지출증빙용 현금영수증으로 변경 요청

④ 사업자 지출증빙 용도변경 신청서 작성 후 신분증 사본과 함께 팩스, 이메일 전송

⑤ 신청일 다음날 홈택스에서 변경 확인

- 사업자등록번호가 없어도 사업자등록번호가 기재되어야 할 부분에, 개국약사의 주민등록번호를 기재하여 세금계산서를 받을 수 있으며 매입세액 환급 또한 받을 수 있다.

- 설령 세금계산서를 발급받지 못했더라도, 세금계산서 외의 적격증빙(현금영수증, 카드매출전표)을 갖추게 된다면 부가가치세 환급이 가능하다.

- 사업자등록 이전에 지급한 매입세액을 세무서로부터 환급받기 위해서는, 해당 상품이나 용역의 공급시기가 속하는 과세기간이 끝난 후 20일 안에 사업자등록을 신청해야 한다.

- 사업자등록 전에 발급받았던 소득공제용 현금영수증은 지출증빙용 현금영수증으로 변경해야만 매입세액을 환급받는 데에 활용할 수 있다.

폐업 과정의 부가가치세

약국을 폐업할 때에는 폐업신고일이 속하는 날의 다음 달 25일까지 부가가치세 신고를 하여야 한다. 여기서 폐업신고일이란, 폐업신고서를 접수한 날짜가 아니라 폐업신고서에 기재된 실질적인 폐업일을 의미한다.

1 일반매입·매출 외에 추가로 고려할 사항

폐업시점에 재고가 있거나 폐업시점부터 2년 내에 구매한 고정자산이 있을 경우, 세법에서 정하는 일정한 매입세액금액을 납부해야 한다.

- 재고자산 관련 납부액: 시가의 10%
- 고정자산 관련 납부액: 당초 취득가액 × {1 − 25% × 경과된 과세기간(6개월) 수}

만일 폐업하는 시점에 대량의 재고자산이 있거나, 폐업 이전 2년 이내에 인테리어, 시설집기비품 등의 상각대상자산을 구매하였고, 이러한 구입금액에 대하여 부가세 매입세액을 공제받은 사실이 있다면 세법에서 정하는 일정한 매입세액 금액을 폐업하는 시점에 납부해야 한다. 재고자산의 경우는 폐업 시 "시가의 10% 상당액"을 부가세로 납부해야 하고, 시설집기비품 등 상각대상자산의 경우는 다음 산식의 금액을 공급가액으로 보아 이 공급가액의 10%를 부가세로 납부해야 한다.

상각대상자산의 공급가액 = 당초 취득가액 × {1 − 25% × 경과된 과세기간(6개월) 수}

2 토지건물을 매각할 시 유의할 사항

『 토지건물 매각 시 유의점 』

토지
⋙
면세

건물
⋙
과세

토지가액과 건물가액을 분리하여 계약서에 작성

- 약국 매각 시, 토지가격과 건물가격을 구분하지 않았을 때에는 부가가치세 납부를 위하여 거래금액을 토지분과 건물분으로 나누어 건물분으로 구분된 가격만큼 세금계산서를 발행해야 한다.
- 일괄거래가액을 토지와 건물로 나눌 때에는 감정가액을 기준으로 하며, 만일 감정가액이 없을 시에는 기준시가를 기준으로 금액을 계산한다.
- 세금계산서 발행일자는 등기이전이 완료된 시점으로 한다.

약국을 매각하는 경우 대게 토지분의 가격과 건물분의 가격이 분명 나누어짐에도 불구하고 일괄적으로 매매가격을 책정한다. 그러나 세법상으로는 토지는 면세이고, 건물은 과세로 분류된다. 그러므로 토지가액과 건물가액을 분리하여 계약서에 작성하는 것이 바람직하다. 이는 세금신고의 측면에서도 바람직하나, 향후 매수자와 매도자 간 발생할 수 있는 분쟁을 사전에 예방하는 효과도 있다.

세금계산서에 토지가격과 건물가격을 구분하지 않았을 때에는 부가가치세 납부를 위하여 일괄 금액을 토지분과 건물분으로 나누어야 한다. 이 경우 감정가액이 있는 때에는 감정가액을 기준으로 구분하며, 감정가액이 없는 때에는 기준시가를 기준으로 구분한다. 토지가격과 건물가격이 구분되지 않았을 경우, 토지와 건물을 안분계산하는 산식은 다음과 같다. 아래 산식을 통해 건물가격이 계산되면, 그 금액에 과세매출비율을 곱한 뒤 해당 금액에 대해 세금계산서를 발행하면 된다.

건물 가격 = 일괄가격 × 건물의 기준시가 / (건물의 기준시가 + 토지의 기준시가)

여기서 세금계산서 발행 시점은 아무 때에나 가능한 것이 아니라, 부가가치세법에서 정하는 재화나 용역의 '공급시기'에 맞춰 발행해야 한다.

그 공급시기란, 재화의 경우 재화가 상대방에게 소유권이 넘어가는 시점을 공급시점으로 보고, 용역의 경우 용역을 완료하는 시점을 공급시점으로 본다. 부동산의 경우는 등기이전이 완료된 시점을 그 공급시기로 한다. 따라서 일반적으로는 등기이전 시점에 세금계산서를 발행한다. 다만 등기이전 시점보다 미리 건물대금을 완납 받으면, 그 완납시점에 세금계산서를 발행할 수 있다.

📖✓ 요약

- 폐업시점에 재고가 있거나 폐업시점부터 2년 내에 구매한 고정자산이 있을 경우, 세법에서 정하는 일정한 매입세액금액을 납부해야 한다.

- 약국 매각 시, 토지가격과 건물가격을 구분하지 않았을 때에는 부가가치세 납부를 위하여 거래금액을 토지분과 건물분으로 나누어 건물분으로 구분된 가격만큼 세금계산서를 발행해야 한다.

- 일괄거래가액을 토지와 건물로 나눌 때에는 감정가액을 기준으로 하며, 만일 감정가액이 없을 시에는 기준시가를 기준으로 금액을 계산한다.

- 세금계산서 발행일자는 등기이전이 완료된 시점으로 한다.

PART **5** · # 약국의 종합소득세

약국의 종합소득세

Chapter 1

약국장이 알아야 할 종합소득세의 기본

이전 파트에서 약국에는 대표적으로 세 가지의 세무서 신고사항이 있다고 나열하며, 원천세와 부가가치세 신고에 대해 풀이하였다. 이번 파트에서는 그 세 가지 중 마지막인 종합소득세 신고에 대해 살펴보도록 한다.

1 종합소득세의 종류

종합소득세는 말 그대로 소득을 종합하여 매기는 세금을 의미한다. 여기서 소득을 종합한다는 뜻은, 여러 가지 종류의 소득이 있음을 전제한다. 세법에서 정하는 소득의 종류는 크게는 종합소득과 퇴직소득, 양도소득으로 나뉘며, 그중 종합소득은 또 6개의 소득으로 나뉜다. 그 구도를 그림으로 표현하면 아래와 같다.

>> 소득세법상 소득 종류 구분

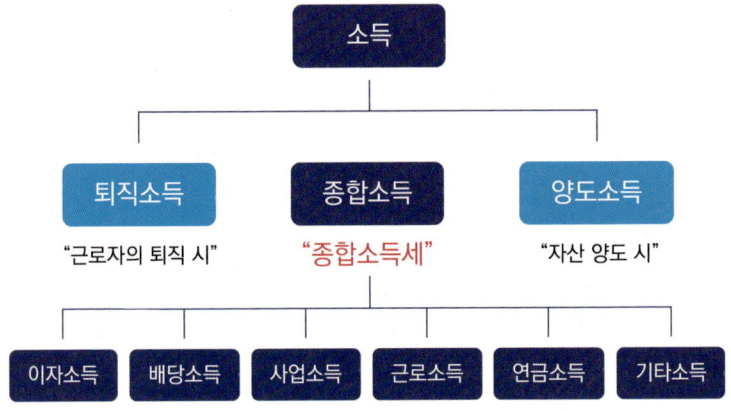

위 그림에서 개국약사들에게 주로 적용되는 소득항목은 종합소득이다. 퇴직소득은 근로약사들에게 적용되는 내용이고, 양도소득은 자산의 양도가 발생하였을 때에만 적용된다. 본서는 약국장들의 약국경영에 도움이 되기 위해 작성되므로, 이번 종합소득세 파트에서는 종합소득에 대해서만 중점적으로 설명할 것이다.

소득세법에서는 종합소득 내에 6개의 세부 소득을 합산한 소득을 기준으로 매년 5월 31일까지 종합소득세를 신고·납부하도록 정하고 있다. 퇴직소득과 양도소득은 종합소득과 합산하여 신고하지 않으며, 이 둘은 각각 소득이 발생한 시점에 신고하도록 되어 있다. 즉, 퇴직소득은 퇴직시점을 기준으로, 양도소득은 자산을 양도한 시점을 기준으로 신고·납부 기한이 정해져 있다.

종합소득 내에는 총 6개의 소득이 있는데, 그 6가지 소득을 간략하게 설명하면 다음과 같다.

1) 이자소득

금융기관에 예금이나 적금 등을 맡기고 받는 이자소득 또는 타인에게 돈을 빌려주고 받는 이자소득, 그 외에도 특정금전신탁의 이익 등과 같이 다양한 형태의 소득을 포함

2) 배당소득

법인으로부터 받는 배당금 또는 분배금, 기업의 주식 등을 보유한 뒤 배당을 통해 거둔 소득

3) 사업소득

① 부동산을 임대하고 받은 임대소득

② 부동산임대업 외에 다른 업종으로 사업체를 운영하며 거둔 소득(사업 자등록을 하지 않은 프리랜서의 소득도 여기에 해당)

4) 근로소득

근로의 제공을 통해 받은 소득(직장인의 월급 등)

5) 연금소득

일정액을 납부했다가 사유가 충족된 후부터 매월 또는 매년 수령하는 연금소득

6) 기타소득

원고료, 강연료, 상금, 사례금, 복권당첨금, 보상금 등 일시적으로 발생한 소득

2 종합소득세의 계산방법

종합소득세 계산의 기본적인 계산과정을 보면, 6가지 소득을 모두 합산한 뒤 그 수입을 얻기 위해 들어간 비용(필요경비)을 차감하여 종합소득금액을 구한다. 그리고 그 종합소득금액에서 소득공제액을 빼서 과세표준을 구하고, 그 과세표준에 6~45%까지의 소득세율을 적용하여 산출세액을 구한다. 마지막으로 그 산출세액에 세액공제와 세액감면을 차감하고, 가산세를 더하면 소득세결정세액이 계산된다.

위 계산방식을 보다 쉽게 설명하기 위해, 아래 도표를 통해 각 단계별로 자세히 설명하도록 한다.

>> 종합소득세 계산 과정

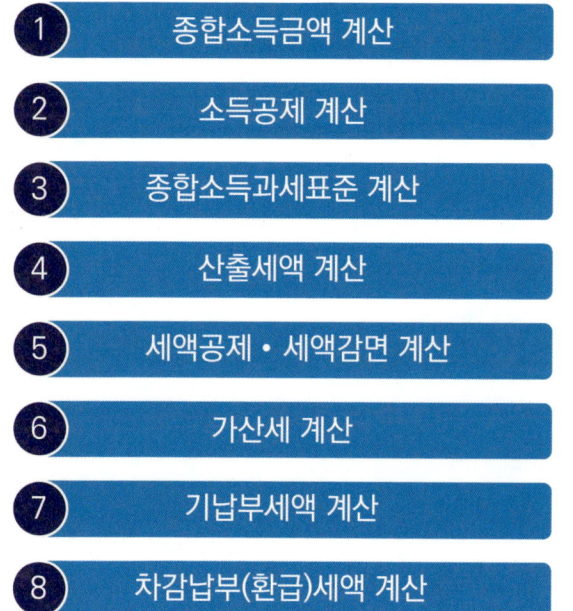

1. 종합소득금액 계산
2. 소득공제 계산
3. 종합소득과세표준 계산
4. 산출세액 계산
5. 세액공제·세액감면 계산
6. 가산세 계산
7. 기납부세액 계산
8. 차감납부(환급)세액 계산

위 도표를 토대로, 종합소득세가 계산되는 과정은 다음 8단계이다.

1) 종합소득금액 계산

종합소득금액 = 이자소득금액 + 배당소득금액 + 사업소득금액 + 근로소득금액
+ 연금소득금액 + 기타소득금액 – 이월결손금(발생연도부터 15년간)

약국경영과 직접 관련되는 사업소득금액의 계산방식은 다음 장에서 설명함.

앞서 열거한 6가지 소득을 계산하여 합산하는 과정이다. 각 소득 종류별로 총수입금액(매출 총액)에서 필요경비(비용 총액)을 차감하여 소득금액(순이익)을 구한 뒤 이를 모두 합산한다. 만일 종합소득금액이 음수(-)로 계산된다면(사업소득에서 매출보다 비용이 많은 경우), 이는 15년간 이월되어 '이월결손금'이라는 항목으로 차기 연도 종합소득금액에서 차감된다.

[질문사항] 2024년 하반기에 약국을 개업해서 종합소득세 신고 때 종합소득금액이
(-)로 나왔습니다. 2025년에는 매출이 올라서 흑자로 전환될 것 같은데, 2024
년에 (-)로 신고된 종합소득금액이 2025년 종합소득세에 영향을 미치나요?

[답변] 네, 그렇습니다. 2024년에 발생한 결손금은 2025년에 동일 금액만큼 종합
소득금액을 낮춰주게 됩니다.

※ 다만, 사업소득 중 부동산임대업에서 발생한 결손금은 차기 연도의 종합소득
금액에 온전히 차감되지 않습니다. 부동산임대업에서 발생한 결손금은 차기
연도의 부동산임대업에서 발생한 소득금액 한도 내에서만 공제 가능합니다.

2) 소득공제 계산

소득세법상 소득공제란, 종합소득이 있는 거주자의 종합소득금액에서
그 거주자가 일정 조건을 만족할 시 특정 금액만큼 소득금액을 차감하는
제도이다. 소득공제는 기본공제, 추가공제, 연금보험료공제, 특별소득공
제, 그 밖의 소득공제로 구성되어 있으며, 대부분의 소득공제는 특정 요건
을 만족해야만 적용할 수 있다.

3) 종합소득 과세표준 계산

종합소득 과세표준 = 종합소득금액 - 소득공제

종합소득 과세표준이란, 말 그대로 종합소득세를 과세함에 있어 표준이
되는 금액을 말한다. 이를 구하는 방법은 종합소득금액에서 소득공제금액
을 차감한다. 본 종합소득 과세표준에 소득세율을 적용하여 산출세액이
계산되므로, 세액을 계산하는 기준금액이라는 점에서 과세'표준'이라고 기
억하면 된다.

4) 산출세액 계산

> 산출세액 = 종합소득 과세표준 × 구간별 소득세율(6~45%)
>
> 계산방식: ① 각 소득구간별 세율 적용하여 계산
>
> ② 최고세율 + 누진공제액으로 계산

산출세액은 한 개인의 종합소득세를 계산함에 있어 1차적으로 계산되는 납부세액을 의미한다. 여기서 1차적으로 계산된 납부세액이라는 의미는, 후술할 최종 소득세액(차감납부세액)을 계산함에 있어 시작이 되는 금액이란 뜻이다.

산출세액은 종합소득 과세표준에 소득세율을 곱하여 계산되며, 소득세율은 금액 구간에 따라 총 8개의 구간으로 나뉘어 있다. 소득세에는 초과누진세율이 적용되므로, 과세표준이 커질수록 적용되는 세율도 함께 높아진다. 이러한 누진적인 특성으로 인해 종합소득세는 상대적으로 고소득층에게 세금을 높게 부과하고 있다. 다음은 과세표준에 따른 기본 세율표이다.

과세표준	기본세율	누진공제
1,400만원 이하	6%	–
1,400만원 초과~5,000만원 이하	15%	126만원
5,000만원 초과~8,800만원 이하	24%	576만원
8,800만원 초과~1억 5,000만원 이하	35%	1,544만원
1억 5,000만원 초과~3억원 이하	38%	1,994만원
3억원 초과~5억원 이하	40%	2,594만원
5억원 초과~10억원 이하	42%	3,594만원
10억원 초과	45%	6,594만원

과세표준이 어느 구간에 속해 있는지에 따라 적용되는 세율이 달라진다. 예를 들어 과세표준이 8,000만원이면, 1,400만원까지는 6%의 세율이 적용되고, 1,400만원~5,000만원까지는 15%의 세율이 적용된다. 그리고 나서 5,000만원~8,000만원까지는 24%의 세율이 적용된다. 그 구간별로 세율을 곱하여 모두 합산한 금액이 산출세액이 된다. 이 예시 사례를 수식화 하면 다음과 같다.

+ 1,400만원 × 6%
+ (5,000만원 − 1,400만원) × 15%
+ (8,000만원 − 5,000만원) × 24% = 1,344만원

위와 같은 방식으로 계산할 시 산식이 조금 복잡하게 된다. 그래서 나온 개념이 누진공제로, 산출세액을 계산할 때 각 구간별로 일일이 다른 세율을 적용하는 게 아니라, 전체 과세표준에 최종 세율을 곱한 뒤 누진공제액을 차감하면 위 산식과 동일한 결과를 얻을 수 있다. 누진공제를 이용하여 위 예시 사례의 산출세액을 계산해 보면 결과가 같음을 알 수 있다.

8,000만원 × 24% − 576만원 = 1,344만원

5) 세액감면·세액공제 계산

세액감면·세액공제 = 산출세액에서 차감하는 항목(특정요건 만족 필요)

① 세액공제: 산출세액과 관계없이 일정 금액만큼 차감, 발생연도부터 10년까지 이월 가능(일부 제외)

② 세액감면: 산출세액의 일정 비율만큼 차감, 이월 불가능

세액감면과 세액공제는 모두 산출세액에서 일정 금액만큼 차감해주는 항목을 말한다. 산출세액에서 차감된다는 건 내야 할 세금 총액이 줄어드는 것이므로, 납세자인 개인 입장에서는 세액감면과 세액공제를 많이 적용받을수록 유리하다. 이러한 세액감면과 세액공제에는 수십 가지의 종류가 있는데, 아쉽게도 개별 감면·공제마다 특정 조건을 만족해야만 납세자가 적용받을 수 있다. 그래서 실무상으로는 약국업에선 개별 납세자당 2~4개 정도의 세액공제와 감면을 받는 것이 일반적이다.

실무상 세액감면과 세액공제를 엄밀히 구분해서 사용하지는 않으나, 설명을 위해 두 개념을 분리해서 설명하도록 한다. 세액공제란 산출세액과 관계없이 일정 금액을 차감해주는 제도를 말하며, 세액감면은 산출세액의 일정 비율만큼 차감해주는 제도를 말한다. 쉽게 예를 들어 설명하자면, 산출세액이 50일 때 세액공제는 30만큼 차감하는 것(50 - 30 = 20)이고, 세액감면은 30%만큼 차감하는 것{50 × (1 - 30%) = 35}을 의미한다.

또한 세액공제는 10년의 기간동안 이월되지만(일부 항목 예외), 세액감면은 이월되지 않는다. 여기서 이월된다는 의미는, 세액공제를 신청한 사업연도에 신청한 금액만큼 다 적용받지 못하는 경우를 의미한다. 이럴만한 이유는 여러 가지가 있겠으나, 가장 단순한 사례로는 개업 초기 매출보다 비용이 많아 과세표준이 (−)로 계산되어 산출세액이 0일 때를 들 수 있다. 산출세액이 0이면 여기에 차감할 수 있는 세액공제나 세액감면 또한 0이 된다. 세액공제와 감면은 어디까지나 납세할 세금을 줄여주는 것이지, 세금을 안낸 사람에게 환급받을 수 있게 해주지는 않는다.

그리고 경우에 따라서는 여러 개의 세액감면과 세액공제가 동시에 적용되지 않는 경우도 있다. 대표적인 사례로, 통합고용세액공제를 적용할 때는 고용증대 세액공제와 중소기업 사회보험료 세액공제를 적용할 수 없다. 세액공제의 대표적인 예시로는 통합고용세액공제가 있고, 세액감면의 대표적인 예시로는 중소기업특별세액감면이 있다.

6) 가산세 계산

가산세 = 가산세 대상액 × 가산세율(최대 40%)

소득세에서는 몇 가지 경우에 대해 과태료 성격의 가산세를 부과하고 있다. 그 대표적인 예로 무신고가산세와 과소신고가산세, 증빙불비가산세가 있다. 만일 개인에게 부과된 가산세가 있다면 산출세액에서 가산하는 항목으로 총 납부(환급)할 세금에 반영된다. 가산세는 보통 가산세 대상 금액(신고누락액 등)에 가산세율을 곱하여 계산되며, 가산세율은 가산세마다 모두 다르다. 가장 가산세율이 높은 무신고·과소신고가산세의 경우에는 통상의 약국사업자를 가정할 때 최대 40%까지 적용될 수 있다.

7) 기납부세액(이미 낸 세금) 계산

기납부세액 = 중간예납세액 + 수시부과세액 + 원천징수세액

기납부세액은 종합소득세 신고 전에 이미 연도 중 납부한 세금을 의미하며, 중간예납세액과 수시부과세액, 원천징수세액으로 구성된다. 기납부세액은 산출세액에서 차감하는 항목으로 총 납부(환급)할 세금에 반영된다.

8) 차감납부(환급)세액 계산

차감납부(환급)세액 = 산출세액 - 세액감면·세액공제 + 가산세 - 기납부세액

차감납부(환급)세액은, 말 그대로 산출세액에서 앞서 말한 세액감면·세액공제, 가산세, 기납부세액을 가감하고 남은 잔액을 의미한다. 이 단계에서 계산되는 금액이 곧 한 개인사업자가 5월 31일까지 납부할 소득세금액이다. 만일 위 계산과정에서 계산된 금액이 0보다 적게 되면, 그것은 곧 개인이 세법에 따라 내야 하는 세금보다 더 많은 세금을 기납부세액으로 납부했다는 의미이다. 따라서 그 음수 금액만큼 세무서로부터 환급받게 된다.

3 종합소득세의 신고와 납부시기

신고·납부시기: 다음해 5월 1일~5월 31일(성실사업자는 6월 30일까지)

※ 납부할 세액이 1천만원을 초과할 때, 당초 납부기한으로부터 2개월 이내에 분납 가능

약국 사업자는 '종합소득세 확정신고 및 자진납부 계산서'를 다음 해 5월 1일부터 5월 31일까지 주소지 담당세무서에 신고 및 납부를 완료해야 한다. 단, 총수입금액이 15억원이 넘는 성실확인대상 약국의 경우에는 6월 30일까지 신고 및 납부해야 한다.

이 과정에서 납부세액이 1천만원을 초과한다면, 분납하여 소득세를 낼 수 있다. 분납기한은 기존 신고 및 납부기한으로부터 2개월 이내이다. 즉, 일반 약국이라면 7월 31일까지 분납이 가능하며, 성실확인 대상자의 경우에는 8월 31일까지 분납이 가능하다.

또한 분납을 원하는 약국장은 별도의 신청절차가 필요 없다. 소득세 신고서상에 분납금액을 따로 적음으로써 분납이 바로 가능하며, 분할로 인해 아직 납부하지 않은 금액에 대해서는 그 분할납부기한 전까지는 당연히 가산세가 부과되지 않는다. 분납할 수 있는 소득세액에 대해 정리하면 다음과 같다.

>> 분납 가능한 소득세액 정리

납부할 소득세액	분납 가능한 소득세액
1천만원 초과 2천만원 이하	1천만원 초과액
2천만원 초과	납부할 소득세액의 50% 이하 금액

📖 **요약**

- 종합소득세는 대한민국 소득세법에 따라, 개인이 한 해 동안 벌어들인 다양한 소득을 종합하여 계산된 세금이다.

- 종합소득은 이자소득, 배당소득, 사업소득, 근로소득, 연금소득, 그리고 기타소득 6가지 주요 유형으로 구성된다.

- 약국을 운영하는 약국장은 주로 사업소득에 초점을 맞추어 신고가 진행된다.

- 종합소득세의 계산 방법은 아래의 순서를 따른다.

  ① 종합소득금액 계산: 각 소득 종류별로 총수입금액(매출 총액)에서 필요경비(비용 총액)를 차감하여 소득금액(순이익)을 구한 뒤 이를 모두 합산한다.

  ② 소득공제 계산: 일정 조건을 만족할 시 특정 금액만큼 소득금액을 차감한다.

  ③ 종합소득 과세표준 계산: 종합소득금액에서 소득공제금액을 차감한다.

  ④ 산출세액 계산: 종합소득 과세표준에 소득세율을 곱하여 계산되며, 소득세율은 금액 구간에 따라 총 8개의 구간으로 나뉘어 있다. 소득세에는 초과누진세율이 적용되므로 소득이 높을수록 적용되는 세율도 같이 높아진다.

  ⑤ 세액공제, 세액감면 계산: 세액공제란 산출세액과 관계없이 일정 금액을 차감해주는 제도를 말하며, 세액감면은 산출세액의 일정 비율만큼 차감해주는 제도를 말한다.

  ⑥ 가산세 계산: 가산세 대상 금액(신고누락액 등)에 가산세율을 곱하여 계산된다.

  ⑦ 기납부세액 계산: 종합소득세 신고 전에 이미 연도 중에 납부한 세금을 의미하며, 중간예납세액과 수시부과세액, 원천징수세액으로 구성된다.

  ⑧ 차감납부할 세액 계산: 산출세액에서 세액감면·세액공제, 가산세, 기납부세액을 가감하고 남은 잔액을 의미한다. 이 단계에서 계산되는 금액이 곧 한 개인사업자가 5월 31일까지 납부할 소득세금액이다.

- 약국 사업자는 매년 5월 1일부터 5월 31일까지 전년도에 대한 종합소득세 확정신고 및 납부를 해야 한다. 만약 총수입금액이 15억원을 초과하는 성실확인대상 약국의 경우, 신고 및 납부 기한은 6월 30일까지이다.

- 납부세액이 1천만원을 초과하는 경우에는 분납이 가능하며, 일반적으로 신고 및 납부 기한으로부터 2개월 이내에 분납을 완료해야 한다.

약국의 매출과 비용을 신고하는 과정: 사업소득금액

>> 사업소득금액 = **약국**을 운영하며 번 소득(매출-비용)

* 약사업 외에도 사업을 함께 하는 경우도 포함

1. 부동산임대업
2. 학원강사로 일하는 경우
3. 유튜브 크리에이터 활동 등

종합소득금액 중 사업소득은 약국경영에 가장 관련된 소득이다. 약국을 개국하여 운영하는 약국장들은 모두 사업자등록증을 발급받아 약사업을 영위하고 있으며, 이 약국에서 발생하는 소득은 모두 사업소득으로 귀속된다. 그런데 간혹 약사업 외에도 사업을 함께 영위하는 약국장들이 있다. 가장 흔하게 확인되는 사업이 부동산임대업이며, 그 외에도 학원가에서 학원강사로 일하는 약사님들도 있고, 요즘은 유튜브에서 크리에이터로 활동하는 약사님들도 있다. 이처럼 다양한 사업에서 벌어들이는 소득을 각각 별도로 '사업소득금액'으로 합산하여 종합소득세에 반영한다. 이번 장에서는 사업소득에 대해 살펴보도록 한다.

1 사업소득금액 계산식

사업소득금액 = 총수입금액(매출) - 필요경비(비용)

대한민국 소득세법상 약국의 사업소득금액은 주로 약국이 영업활동을 통해 얻는 소득을 의미한다. 사업소득금액을 계산할 때에는 총수입금액(매출)에서 필요경비(비용)를 차감하며, 약국이 사업을 영위함에 따라 발생하는 매출액에서 비용을 차감한 후의 순이익이 사업소득으로 간주된다. 흔히 순수입 또는 순이익이라는 개념과 매우 유사하다.

이렇게 계산된 사업소득금액에 그 외 소득금액(이자소득금액, 배당소득금액, 근로소득금액, 연금소득금액, 기타소득금액)을 더하여 종합소득금액을 구성하게 된다. 소득 수준에 따라 다른 세율이 적용되며, 매년 개정되는 세법에 따라 소득세율이 결정된다.

2 약국의 총수입금액(매출)

『 총수입금액이란? 』

1월 1일 – 12월 31일까지 약국의 영업활동을 통해서 받았거나 받을 총금액

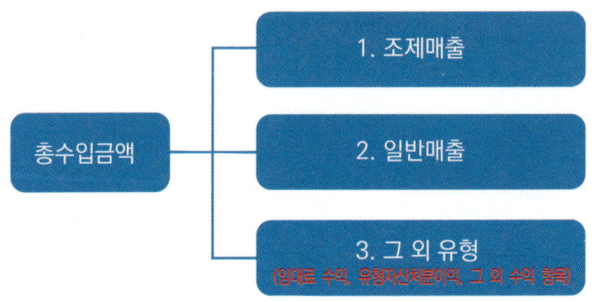

여기서의 총수입금액은 매출액 또는 그 외 수익 항목들을 의미하는데, 매출액이란 일반적으로 1월 1일부터 12월 31일까지 약국의 순수한 영업활동을 통해서 받았거나 받을 총금액이다. 사업소득의 매출은 일반적으로 부가가치세 신고 시에 대부분 확정된다. 그 외 수익 항목이란 임대료 수익, 시설장치 처분이익, 예금에 대한 이자소득 등 약국의 조제 및 매약활동과 직결되지 않는 수입을 말한다.

앞서 부가가치세 내용에서 한번 다루었듯이 약국의 매출은 크게 조제매출과 일반매출로 나뉜다. 물론 매출 외에도 추가로 다룰 총수입금액 항목으로는 임대료 수익이나 유형자산 처분이익 등을 들 수 있다.

① 조제매출: 조제매출은 처방전을 통한 조제로 발생한 매출을 말하며, 금연처방 또한 포함된다. 조제매출은 공단에 청구하는 금액인 급여매출과 공단에 청구하지 않는 비급여매출로 나뉜다. 또한 총 약제비(약값+조제료)로 구성되며, 본인부담금과 공단청구액의 합산금액으로 계

산되기도 한다. 단 비급여 조제매출의 경우에는 전액 본인부담금으로 구성된다.

조제매출의 계산 산식을 여러 방식으로 표현하면 아래와 같다.

조제매출 계산 3가지 방법	1. 급여매출 + 비급여매출 2. 본인부담금 + 공단청구액 3. 약값 + 조제료 금액

급여매출은 전액 건강보험공단에 청구가 이뤄지나, 비급여매출은 건강보험공단에 청구하지 않는다. 따라서 급여매출은 세무서에 통보가 이뤄지나, 비급여매출은 세무서에 따로 통보되지 않는다. 이를 악용하여 비급여 조제매출을 실제보다 축소하여 세무서에 신고하려는 약국들이 있다.

이 경우, 약국들은 추후 의료비 세액공제 증빙자료 제출을 위해 환자들의 본인부담금과 비급여 자료를 제출할 때 유의해야 한다. 세무서에서는 제출된 자료에서 심평원에 청구된 환자 본인부담금을 차감하여 비급여조제매출의 마진을 역산하기 때문이다. 세무서에서는 해당 역산된 금액과 부가가치세 및 종합소득세 신고서를 비교하여 차이가 발생할 경우 비급여조제매출 신고누락액을 확인할 수 있다.

[질문사항] 만일 비급여조제매출을 축소하여 신고하였더라도, 의료비 세액공제증 빙자료 제출한 비급여매출 자료와 소득세와 부가가치세의 매출내용을 동일하게 맞출 수 있다면 세무서에서 매출누락을 의심할 방법이 없지 않나요?

[답변] 원문 그대로 '동일하게' 신고할 경우에만 그렇습니다. 다만 의료비 세액공 제증빙자료는 약국에서 약국장님이 직접 준비하는 자료이고, 소득세 및 부가가 치세 신고는 세무대리인이 작업하다보니 양자 간 신고내용이 일치하지 않는 경 우가 많습니다. 그러므로 비급여조제매출도 실제 발생액 그대로 소득세·부가가 치세 신고에 포함시키는 것을 추천드립니다.

② 일반매출: 일반매출은 일반의약품, 건강기능식품, 화장품 등의 판매가 해당된다. 전액 본인부담금으로 구성된다.

③ 임대료 수익: 약국을 운영하면서 임대업을 주업으로 하지 않은 사업자 로써, 부동산을 임대하고 받은 임대료를 말한다.

④ 유형자산 처분이익: 유형자산(JVM 등)을 처분할 때 처분대가가 회계상 장부가액보다 클 경우 그 차액을 말한다.

⑤ 기타수익: 은행에서 발생하는 이자수익이나 약국이 의약품 대금을 결제 하며 쌓이는 카드 포인트나 마일리지, 캐시백 항목들을 말한다. 카드 포인트 등의 경우 카드사에 따라 국세청 홈택스에서 확인할 수 있는 금액이 있으며, 또한 세무서에서는 매년 포인트 수입의 신고 독려를 위해 국세청이 파악한 카드포인트 등을 약국에 고지하고 있다.

3 약국의 필요경비(비용)

> 『 필요경비란? 』
>
> 사업을 운영함에 있어 필요한 경비
> 지출의 성격을 불문하고 사업 운영에 꼭 필요한 경비들은 전부 비용으로 인정됨.

약국의 필요경비 = 매출원가(약가) + 인건비 + 임차료 등

여기서 필요경비라 함은 사업을 운영함에 있어 필요한 경비를 뜻하는 것으로, 지출의 성격을 불문하고 사업 운영에 꼭 필요한 경비들은 전부 비용으로 인정받을 수 있다. 다만 기업업무추진비나 기부금 등 일부 지출의 경우, 특정 한도 내에서만 비용으로 인정받을 수 있다.

① 매출원가: 매출원가는 약국이 약품과 상품 등을 매출하는 데에 직접 연관된 비용을 말하며, 일반적으로는 판매된 의약품의 원가(도매상으로부터 사온 가격)를 의미한다. 전문의약품의 경우에는 공단에 청구되는 약값이 조제약의 매출원가이며, 일반의약품의 경우 매출원가를 계산하는 산식은 아래와 같다.

매출원가 = 기초 의약품 재고 + 당기 의약품 매입액 – 기말 의약품 재고

위 산식에서 알 수 있듯이, 재고자산은 매출원가 산정의 기초자료가 되며 기초와 기말재고의 금액에 따라 매출원가 및 사업소득금액이 변동하게 된다. 즉, 기말재고자산이 커질수록 매출원가가 낮게 계상되며, 그에 따라 사업소득금액이 커진다. 사업소득금액이 커짐은 곧 세부담

이 증가함을 의미하므로, 약국의 세금을 결정하는 데에 있어서 약국의 재고자산 산정은 매우 중요하다.

다만 약국에서는 수작업으로 재고관리를 하는 것은 매우 어려운 일이다. 따라서 오늘날에는 POS시스템을 통해 재고관리를 하는 약국들이 많아지고 있다. 아직도 POS시스템을 이용하지 않는 약국들은 재고관리에 어려움을 겪게 된다. 이럴 경우 도리어 세무사무실에 약국의 재고를 문의하는 경우가 있는데, 세무사무실은 약국에 재고가 얼마인지 알 방법이 없으며, 또한 세무사무실에서 직접 기말재고를 제안하는 행위는 탈세를 조장하는 행위가 될 수 있다. 향후 세무조사 발생 시 기말재고에 대한 모든 리스크는 약국장에게 부담되므로, 반드시 약국장은 힘들더라도 기말재고를 직접 체크한 후 세무사무실에 실제치와 최대한 가까운 기말재고자산 금액을 알려주어야 한다.

[질문사항] 보통 일반적으로 사용하는 재고 추정 방법이 있나요? 아니면 실제 전문약과 일반약 재고를 직접 확인해서 이를 세무대리인에게 전달해야 하는 건가요?

[답변] 실제 재고를 세무대리인에게 알려주셔야 합니다. 이론적으론, 정기적으로 약국의 재고실사를 수행하여 실제 재고수량을 파악해야 합니다. 다만 재고실사가 약국업무와 병행되기 어려우므로, 가장 일반적으로 약사님들이 재고를 파악하시려면 POS기에 표시된 약 재고 금액을 확인하는 방법을 권고드립니다.

② 인건비 성격의 지출: 급여와 잡급, 복리후생비, 퇴직금은 인건비 성격의 지출로 아우를 수 있다. 여기서 급여에는 약국 직원에게 지불하는 급여, 상여, 각종 수당 등을 말하며, 잡급은 일용직 직원에게 지불하는 금액이다. 복리후생비는 직원의 업무효율을 증진하기 위해 지급되는 식대나 회식비, 경조사비, 음료수 구입비 등을 말한다. 여기에는 4대보험료 회사부담분 금액도 포함된다. 퇴직금은 약국 직원 1년 이상 근무하는 경우 근로자퇴직급여보장법에 따라 퇴직금을 지급해야 하므로 비용으로 인정된다. 퇴직금은 계속근로기간 1년에 대해 30일분 이상의 평균임금을 퇴직금으로 하여 지급하도록 정하고 있는데, 그 계산식은 아래와 같다.

퇴직금 = 평균임금(일당) × 30일 × (총 계속근로기간 ÷ 365일)

③ 임차료: 약국 부동산 관련 임차비용, 기계장치 임차료, 조제기계 리스료, 복사기 임차료 등 타인의 자산을 구매하지 않고 임차하면서 그 대가로 지불하는 금액을 말한다.

④ 감가상각비: 장기적으로 영업활동에 쓰이는 고정자산(건물, 조제용기계, 인테리어 등)은 구매시점에 이를 전액 비용으로 처리하지 않고, 감가상각의 과정을 통해 비용을 분할해서 인식한다. 이렇게 자산 사용기간에 따라 배분한 비용을 감가상각비라고 칭한다.

⑤ 차량유지비: 약국 차량을 업무에 사용하면서 지출한 관련경비를 의미하며, 차량의 구매비, 주유비, 주차료, 수리비, 자동차보험료, 자동차세 등을 말한다. 차량유지비에 대해서는 2017년에 세법이 개정되면서 차량과 관련된 비용의 산정에 제한을 받게 되었는데, 본 내용은 다음 장에서 보다 자세히 설명하도록 한다.

⑥ 기타비용: 지급수수료, 이자비용 등이 포함된다. 지급수수료는 외부의 용역을 제공받고 지불하는 금액을 말하며, 그 예로 세무자문수수료, 노무사사무실 수수료를 들 수 있다. 이자비용은 외부자금을 대여하고 그 대가로 지급하는 비용을 말하며, 대표적으로 은행대출금이자를 들 수 있다.

- 대한민국 소득세법상 약국의 사업소득금액은 주로 약국이 영업활동을 통해 얻는 소득을 의미한다.

- 사업소득금액은 총수입금액(매출)에서 필요경비(비용)를 차감한 순이익이 사업소득으로 간주된다.

- 약국의 총수입금액은 주로 영업활동에서 발생하는 매출과 임대료 수익, 유형자산 처분이익, 기타 수익으로 구성된다.
  ① 조제매출은 공단에 청구는 급여매출과 비급여매출로 나뉘며, 비급여매출은 실제 발생액보다 과소하여 신고하지 않아야 추후 세무서의 소명요구를 피할 수 있다.
  ② 은행에서 발생하는 이자수익이나 약국이 의약품 대금을 결제하며 쌓이는 카드 포인트나 마일리지, 캐시백 항목 역시 매출 신고대상에 포함된다.

- 약국의 필요경비는 매출원가, 인건비, 임차료, 감가상각비, 차량유지비, 기타 비용 등이 포함된다.
  ① 매출원가는 판매된 의약품의 원가이며, 기초의약품 재고 + 당기 의약품매입액 – 기말 의약품 재고로 계산된다.
  ② 재고자산은 매출원가 산정의 기초자료가 되며 기초와 기말재고의 금액에 따라 매출원가 및 사업소득금액이 변동하게 된다. 즉, 기말재고자산이 커질수록 매출원가가 낮게 계상되며, 그에 따라 사업소득금액이 커진다.
  ③ 재고자산을 관리하는 실무상 어려움으로 인해, 몇몇 약국은 세무사무실이 알아서 재고금액을 입력하도록 두기도 하나, 이는 직접적인 탈세 행위이며 또한 향후 세무조사 발생 시 기말재고로 인한 리스크는 모두 약국장에게 부과된다.
  ④ 그러므로 약국은 실제 재고를 POS기를 통해 관리하거나 정기적으로 수기 조사하여 실제 재고량에 최대한 근사한 금액을 세무대리인에게 전달해주어야 한다.
  ⑤ 인건비에는 직원 급여, 복리후생비, 퇴직금 등이 포함된다.
  ⑥ 임차료는 임차한 부동산 또는 기계장치에 대한 비용이고, 감가상각비는 고정자산 사용에 따른 비용이다.
  ⑦ 차량유지비는 업무용 차량 유지에 소요되는 비용을 의미한다.

Chapter

3

약국장의 차량을 경비처리 하는 방법

▶▶ 차량유지비의 경비처리란?

본인이 이용하는 차량에 대한
유지비를 비용처리 하는 것

– 업무용 승용차와 관련해 세법 개정으로
경비처리 가능한 차량유지비에 제한 발생

많은 약국장들은 본인이 이용하는 차량에 대한 유지비를 비용처리 하려고 한다. 그런데 모든 차량에 대해 비용처리가 가능한 것이 아니며, 또한 그 비용처리 할 수 있는 한도금액이 존재한다. 과거에는 소득이 많이 발생하는 개인사업자의 경우 차량 구매를 절세의 한 수단으로 활용하였다. 그런데 2017년에 세법이 개정되면서, 경비처리할 수 있는 차량유지비의 한도가 정해지게 되었다. 그에 따라 이제 고가의 차량구매는 더는 개인사업자에게 절세에 유리한 수단이 아니게 되었다. 이번 장에서는 세법에서 정하는 차량용 경비에 대한 경비처리 원칙에 대해 살펴보도록 한다.

1 업무용 승용차의 경비처리에 세법상 규제

과거에는 약국에서 운용하는 차량에 대해 제한없이 비용처리할 수 있었다. 그런데 2017년에 세법이 개정되면서, 경비처리 가능한 금액의 한도가 생겼다. 그 개정된 내용을 요약하면 아래와 같다.

① 업무용 승용차에 대해 연 8백만원까지만 감가상각비 처리 가능하다.

② 업무용 승용차에 지출한 차량 관련 경비는 업무사용비율만큼만 경비처리 가능하다. 만일 차량운행일지를 작성하지 않아 업무사용비율을 알 수 없는 경우 연 1천 5백만원까지만 감가상각비 등 모든 차량 관련 경비를 비용처리 가능하다.

③ 성실확인신고대상자, 약사 등 전문직 종사자의 경우 업무전용 자동차보험에 의무적으로 가입해야 한다. 1대의 경우에는 제외되며, 1대 초과분부터 업무전용 자동차 보험에 가입하면 된다. 미가입 시에는 차량 관련 경비가 전액 인정되지 않는다.

[회계·세무 토막상식-감가상각비란?]

감가상각비는 기업 회계와 세무에서 사용되는 개념으로, 장기간 사용할 수 있는 자산(예: 건물, 기계, 차량 등)의 가치가 시간이 지남에 따라 감소하는 것을 경제적으로 반영한 비용을 말한다. 특히 업무용 승용차의 감가상각비는 업무용 승용차의 구입 가격을 그 차량의 사용 기간 동안에 걸쳐 분배하여 비용으로 인식하는 과정을 말한다.

[법적 정의]

업무용 승용차의 감가상각비는 해당 차량을 구매한 취득가격에서 잔존 가치를 제외한 금액을 사용 가능한 기간(내용연수) 동안 일정하게 분배하여 비용으로 인식한다. 대한민국 세법에서는 업무용 승용차에 대한 감가상각비를 계산할 때 특정 기준을 적용하는데, 이는 소득세법이나 법인세법 시행령에서 구체적으로 규정하고 있다. 이 규정에 따르면, 업무용 승용차는 일반적으로 5년의 내용연수를 가지고 정액법으로 상각되어야 한다.

관련 실무 사례

예를 들어, 한 개인사업자가 5,000만원에 업무용 승용차를 구입했다고 가정한다. 이 승용차의 예상 잔존 가치가 없다(0)고 가정하고, 내용연수가 5년이라고 할 때, 정액법에 따라 감가상각비는 연간 1,000만원(5,000만원 ÷ 5년)으로 계산된다. 이는 매년 1,000만원씩 비용으로 인식되어, 해당 사업자의 소득에서 차감될 수 있다. 이 과정을 통해 기업은 업무용 승용차 구입에 따른 재무 부담을 시간에 따라 분산시킬 수 있으며, 세금 계산 시에도 이 비용을 공제받을 수 있다.

실제 사례에서는, 업무용 승용차를 구입한 후 운행기록부를 작성하여 업무용으로 사용한 비율에 따라 감가상각비를 추가로 조정할 수도 있다. 예를 들어, 전체 사용 중 업무용 사용 비율이 90%라고 확인될 경우, 실제로 업무용으로 인정받을 수 있는 감가상각비는 연간 900만원(1,000만원의 90%)이 된다.

대한민국 소득세법에서 차량운행일지를 작성하도록 하는 이유는, 업무용 승용차의 실제 사용 목적과 사용 범위를 명확하게 구분하기 위함이다. 이는 업무용으로 사용된 비용을 정확히 파악하여 적절한 세금 공제를 받기 위한 근거 자료로 활용된다. 운행일지에는 운행 날짜, 목적지, 운행 목적, 주행 거리 등을 기록하여, 업무용 차량이 실제로 업무 목적으로 사용되었는지를 입증할 수 있게 한다. 이는 개인 용도 사용에 대한 세금 혜택을 방지하고, 세금신고의 투명성을 높이는 데 기여한다.

2 업무용 승용차 경비처리에 한도를 둔 취지

1. 비용의 정확한 식별: 사업과 관련된 비용을 정확하게 식별함.
2. 세금회피방지: 사업비용으로 세금을 줄이려는 행위를 방지함.
3. 경제적 왜곡 방지: 사업자가 세금혜택을 위해 필요 이상의 고가 차량을 구매하는 것을 억제함.

업무용 승용차에 대한 경비처리 규제는 기업 회계 및 세무에서 중요한 역할을 한다. 이러한 규제의 목적은 다양하며, 여기에는 사업과 관련된 비용의 정확한 식별, 세금회피방지, 경제적 왜곡 방지 등이 포함된다. 특히, 업무용 승용차의 경우 고가의 자산이 될 수 있으며, 개인적 사용과 업무용 사용의 경계가 모호할 수 있기 때문에 이를 명확하게 관리하고 규제하는 것은 세법 준수와 공정한 세금 제도 유지에 중요하다. 또한 모든 사업자가 동일한 규정을 준수하도록 함으로써 세법의 공정한 적용을 촉진하고, 세무 관리의 투명성을 높일 수 있다.

① 비용의 정확한 식별: 사업과 관련된 비용을 정확하게 식별하고 입증하

는 것이 요구된다. 이는 업무용 승용차의 사용을 세밀하게 기록하여 개인용도와 업무용도를 구분함으로써, 세금 공제를 위해 실제 업무와 관련된 비용만이 청구되도록 한다.

② 세금회피방지: 엄격한 기준을 적용함으로써, 개인용도의 비용을 사업비용으로 위장하여 세금을 줄이려는 행위를 방지한다. 이는 세금 기반의 침식을 방지하고, 공정한 세금 부과를 보장한다.

③ 경제적 왜곡 방지: 차량 관련 비용의 과도한 공제를 허용하지 않음으로써, 사업자가 세금 혜택을 위해 필요 이상의 고가 차량을 구매하는 것을 억제한다. 이는 자원의 비효율적 배분을 방지하고, 경제적 결정에 왜곡을 줄인다.

업무용 승용차에 대한 경비 처리 규제는 사업자가 세법을 준수하고, 세금 혜택을 법적으로 최대화할 수 있도록 도와주는 동시에, 공정하고 평등한 세금 제도를 유지하는 데 중요한 역할을 한다. 사업자는 이 규정을 잘 이해하고 준수하여야 하며, 구체적인 지침과 준수 전략에 대해서는 세무 전문가의 조언을 구하거나 관할 세무서에 질의하는 것이 권고된다.

3 차량용 경비를 경비 처리하는 데에 영향을 미치는 조건

1. 업무용으로 사용된 승용차량인가?
   약국 업무에 쓰이는 8인 이하 승용차의 경우 경비처리에 규제를 받음.

2. 누구의 명의로 등록된 차량인가?
   타인명의로 등록된 차량 또한 실질상 약국장 본인이 취득했다면 경비처리 가능하나, 실무상으로는 입증하기가 쉽지 않으므로 본인 또는 공동명의가 권고됨.

3. 업무전용보험에 가입되어 있는가?

   1대를 초과하는 업무용 승용차에 대해 '업무전용 자동차보험'을 꼭 가입해야 함. 1대만 운용한다면 가입하지 않아도 무방함.

4. 차량운행일지를 작성하였는가?

   차량운행일지를 작성하지 않으면 1,500만원 한도 내에서 경비처리 가능함.

5. 구매(할부 포함)/리스/렌트 중 어디에 해당하는가?

   감가상각비를 경비처리함에 있어서 리스/렌트의 경우에도 임차료의 일정 비율만큼 감가상각비로 간주하여 연 8백만원 한도금액 내에서 경비처리 가능함.

1) 세법상 업무용 승용차에 해당되는가?

소득세법에서는 업무에 사용한 승용자동차에 한해 경비처리를 규제하고 있다. 여기에서 업무에 사용했다는 뜻은, 업무에 사용하지 않고 그 자체를 직접 영업에 활용하는 차량은 경비처리에 규제를 받지 않는다는 뜻이다. 세법상 업무용 승용차에 대한 정의와 세무상 적용되는 내용을 간단히 요약하면 아래와 같다.

[회계·세무 토막상식 1 – 영업용 vs 업무용]

• '영업용' 차량

운수업(택시업)·자동차판매업·자동차임대업·운전학원업·경비업(출동차량)·「여신전문금융업법」상 시설대여업·장례식장 및 장례서비스업(운구차량)에서 사업상 수익 창출을 위해 직접적으로 사용하는 차량은 '영업용' 차량으로 간주한다.

영업용 차량의 경우에는 취득대금과 유류대, 수리비 등에 대해 부가가치세 매입세액 공제를 받을 수 있고, 법인세·소득세법상 한도 없이 경비처리 가능하다.

- **'업무용' 차량**

  모든 약국들의 차량은 여기에 해당된다. 운수업, 자동차판매업, 자동차임대업 등 차량이 필수적으로 필요한 업종이 아니면서 차량을 사업장 장부에 등록한 경우, 이 차량을 '**업무용**' 차량으로 간주한다.

  업무용 차량의 경우에는 취득대금과 유류대, 수리비 등이 부가가치세 매입세액 공제 대상은 아니며, 법인세·소득세 신고 시에는 한도 내에서 경비처리가 가능하다.

[회계·세무 토막상식 2 – 업무용 승용차]

부가가치세법, 소득세법, 그리고 개별소비세법에서 필요경비 인정과 매입세액공제에 제한을 두고 있는 대상은 업무용 '**승용차**'로 그 요건이 정해져 있다.

1. 정원 8명 이하의 승용자동차(단, 배기량 1,000cc 이하 승용차 제외)

2. 배기량 125cc 이상 이륜자동차

3. 배기량 2,000cc 이상 캠핑용 자동차

4. 정원 8명 이하의 전기승용자동차, 수소전기자동차

→ 다시 말해, 위 항목에 해당되지 않는 차량(9인승 승합차, 경승용차 등)에 대해서는 차량구입비, 유지비 등에 대해 전액 부가가치세 매입세액으로 공제가 가능하며, 또한 소득세에서도 한도 없이 전부 경비처리 가능하다.

2) 약국장 본인의 명의로 등록된 차량인가?

원칙상, 공부상의 등기·등록이 타인의 명의로 되어있다 하더라도 사실상 당해 사업자가 취득하여 당해 사업에 사용하였음이 확인되는 경우에는 이를 당해 사업자의 사업용 자산으로 본다. 그러므로 사업과 관련하여 지출한 비용은 반드시 사업자 본인 명의로 등록된 차량에 한해서만 경비 인정하는 것은 아니다. 예를 들어 배우자 명의의 차량을 전적으로 약국

출퇴근 목적으로 사용하기 위해 당해 사업자가 취득하여 당해 사업목적에만 사용한 경우 해당 차량의 감가상각비, 유지비용 등에 대해서 약국장의 필요경비로 처리할 수 있는 것이며, 이때 지출 비용에 대해서는 적격증빙(세금계산서, 계산서, 신용카드매출전표, 현금영수증)을 갖추어야 한다.

그러나 현실적으로, 이렇게 실질에 따라 약국장의 필요경비로 인정받기는 어렵다. 차량 명의가 타인 명의로 되어 있다면 입증책임이 약국장에게 있는데, 타인 명의로 등록된 차량을 당해 사업자가 직접 취득하여 당해 사업에 사용했음을 입증하기가 쉽지는 않기 때문이다. 그래서 대안으로, 그 타인이 배우자일 경우에는 차량의 명의를 공동명의로 등록한 뒤 이를 약국장의 사업소득에서 비용처리하는 방식을 많이 택하곤 한다. 이렇게 공동명의로 차량을 등록할 시, 해당 승용차를 약국 업무에 사용한 금액에 대해 약국장의 비용으로 인정받을 수 있다.

관련 실무 사례 1

[질문사항] 저(약국장)와 배우자(비사업자)가 공동명의로 차량운반구를 구입할 예정입니다. 지분은 저 1 : 배우자 99입니다. 차량구입 시 제 약국명의로 매입세금계산서 수취할 시 부가세 공제 및 종합소득세 때 경비처리는 어떤 식으로 처리해야 하는지 궁금합니다.

[답변]
- 공동명의의 차량인 경우에도 실질적으로 사업목적으로 사용되고 사업자의 사업소득에서 차량에 대한 구입비용이 지출된 경우에는 사업자의 자산으로 계상하고 감가상각의 방법으로 필요경비로 계상 가능합니다.
- 부가세공제는 부가세공제대상 차량(9인승 이상 등)에 해당되면 매입세액공제 가능합니다.
- 사업과 관련하여 사용된 것으로 입증되는 유지관리비 등은 총수입금액에 대응되는 필요경비로 계상 가능하지만, 정확히 업무용과 비업무용 비용을 구분하여 증빙을 준비해야 합니다.

3) 업무전용보험에 가입되어 있는가?

개인사업자의 경우에는 성실확인신고대상자 또는 약사업 등 전문직 종사자들에 한해서는 1대를 초과하는 업무용 승용차에 대해 '업무전용 자동차보험'을 꼭 가입해야 한다. 그렇지 않으면 관련 비용이 전혀 인정되지 않는다.

또한 업무전용 자동차 보험이라 함은, 업무와 관련된 개인이 운전하는 경우에만 보상하는 자동차 보험을 의미한다. 업무와 관련된 개인이라 함은, 아래 세 가지 중 하나에 해당되어야 한다.

① 해당 사업자(약국장) 및 그 직원
② 계약에 따라 해당 사업(약국)과 관련된 업무를 위해 운전하는 사람
③ 해당 사업과 관련한 업무를 위해 운전하는 사람을 채용하기 위한 시험에 응시한 지원자

[질문사항] 2번째 차량부터 전용보험 가입은 성실신고확인 사업자만 해당되는 것인가요? 즉, 단순한 복식부기 의무자는 차량 대수에 상관없이 전용보험 가입의무는 면제인지 궁금합니다.

[답변] 직전 성실신고 확인대상사업자와 전문직사업자의 경우 1대를 제외한 그 외의 차량에 전용보험을 가입해야 하는 것입니다. 약사업은 전문직사업자에 해당되므로, 2번째 차량부터 업무전용보험에 가입해야 합니다.

[질문사항] 차량의 취득은 7/1에 하였는데, 업무전용보험에 가입해야 한다는 걸 나중에 알고 10/1에야 뒤늦게 보험가입 하였습니다. 이럴 경우, 차량의 경비처리는 어떻게 처리되는 걸까요? 아무 이상 없이 전액 경비처리 될 수 있을까요?

[답변] 아니요, 일부 기간만 업무전용자동차보험에 가입한 경우 차량보유기간 대비 보험가입기간이 차지하는 비율에 한해서만 차량경비를 인정받을 수 있습니다.

$$\text{업무용 승용차 관련 비용} \times \text{업무사용 비율} \times \frac{\text{해당 연도에 업무진용자동차보험에 실제로 가입한 일수}}{\text{해당 연도에 업무전용자동차보험에 의무가입해야 할 일수}}$$

4) 차량운행일지를 작성하였는가?

① 차량운행일지를 작성할 시
   업무용 승용차 관련 비용 중 업무사용 비율만큼 경비처리 가능함.

   ※ 업무사용비율 = 업무용 사용 거리 ÷ 총주행거리

② 차량운행일지를 작성 누락할 시
   업무용 승용차 관련 비용은 1,500만원 한도 내에서만 경비처리 가능함.

차량운행일지를 작성했는지 여부에 따라서 소득세법상 인정받을 수 있는 경비의 금액이 달라지게 된다. 차량운행일지를 작성했다면 총주행거리 중 업무용 사용 거리가 차지하는 비율(업무사용비율)에 업무용 승용차 관련 비용을 곱하여 경비처리 한도가 계산된다. 그런데 실무상 약국장이 매번 운행기록부를 충실히 작성하기는 어려움이 많으므로, 실제로는 차량운행일지를 작성하지 않고 소득세법에서 정하는 1,500만원이라는 한도금액 내에서만 경비처리를 받는 것이 일반적이다.

업무용 차량과 관련하여 발생한 총비용이 연간 1천 5백만원 이하이면 차량운행일지 작성없이 전액 비용으로 인정이 가능하다. 이와 비교하여 차량 관련 비용이 1천 5백만원을 초과하면, 1천 5백만원을 초과하는 비용을 인정받기 위해서 차량운행일지를 작성해야 한다. 여기서 비용에 해당하는 모든 비용은 앞서 언급하였던 감가상각비를 포함하여 차량보험료, 차량수리비, 통행료, 리스료, 유류대 등 모든 경비를 포함한다. 이렇기 때문에 감가상각비를 800만원으로 인정받는 경우, 차량 유류대와 보험료, 수리비 등은 차량운행일지를 작성하지 않는다면 700만원에 해당하는 금액만 경비로 인정받게 되는 것이다.

차량운행일지는 법에서 별도의 서식을 정하고 있으며, 다만 법정 서식과 동일한 정보를 담고 있다면 법정 서식과는 다른 양식으로 작성하여도 무관하다. 차량운행일지는 허위로 작성되어서는 안 되며, 차량운행일지의 정보가 기재되는 세법상 서식인 '업무용 승용차 관련 비용 명세서'를 사실과 다르게 제출할 시 그 금액의 1%에 달하는 가산세가 부과되고 있다. 그러므로 차량운행일지는 최대한 사실에 가깝게 작성되어야 한다.

5) 구매(할부 포함)·리스·렌트 중 어디에 해당하는가?

업무용 승용차를 구매(할부 포함)하거나 리스·렌트하는 경우에 따라 업무용 승용차 관련 비용을 경비처리 방법이 다르다. 차량을 구매했다면 연 8백만원의 한도 안에서 취득금액을 5년에 나누어 감가상각 처리할 수 있지만, 리스와 렌트의 경우에는 취득금액이 아니라 임차료를 지불하기 때문에 경비처리의 형평성이 왜곡될 수 있다. 이에 리스와 렌트의 경우에는, 임차료에서 일정 금액만큼 감가상각비로 간주하여 연 8백만원의 한도 안에서 비용처리 할 수 있도록 세법에서는 정하고 있다.

감가상각비를 경비처리함에 있어서, 구매·리스·렌트의 경우로 나누어 어떻게 감가상각비를 계상하는지 아래 내용을 통해 알아보자.

① 구매: 차량의 구매 가격을 5년 동안 나눠서 비용으로 처리할 수 있다. 감가상각비의 한도는 8백만원이며, 한도 내에서 일정 금액을 업무용 경비로 인정받을 수 있다.

② 리스: 업무용으로 리스한 승용차의 경우, 매월 지불하는 리스료의 93%를 감가상각비로 경비처리할 수 있다. 그 한도는 8백만원이다.

③ 렌트: 렌트의 경우도 리스와 유사하게, 렌트료를 업무용 경비로 처리할 수 있다. 렌트료의 70%를 감가상각비로 경비처리할 수 있으며, 그 한도는 역시 8백만원으로 동일하다.

- 소득세법에서는 약국장이 운용하는 업무용 승용차에 대해 일정 규제를 두고 있다.

  ① 감가상각비 한도: 연 8백만원

  ② 차량 관련 경비처리 한도: 전체 지출액에 업무사용비율을 곱한 만큼만 경비처리 가능함. 차량운행일지를 작성하지 않는 경우 연 1천 5백만원 한도

  ③ 약사 등 전문직 종사자의 경우 1대 초과분부터 업무전용자동차보험에 의무적으로 가입해야 함(1대의 경우에는 제외).

- 업무용 승용차의 경우 고가의 자산이 될 수 있으며, 개인용도의 비용을 사업비용사업 위장하는 것을 방지하고 차량 관련 비용의 과도한 공제를 허용하지 않기 위해 2017년에 규제가 신설되었다.

- 차량용 경비를 경비처리하는 데에 영향을 미치는 조건은 아래와 같다.

  ① 업무용으로 사용된 승용차량인가?

  약국 업무에 쓰이는 8인 이하 승용차의 경우 경비처리에 규제를 받음.

  ② 누구의 명의로 등록된 차량인가?

  타인 명의로 등록된 차량 또한 실질상 약국장 본인이 취득했다면 경비처리 가능하나, 실무상으로는 입증하기가 쉽지 않으므로 본인 또는 공동명의가 권고됨.

  ③ 업무전용보험에 가입되어 있는가?

  1대를 초과하는 업무용 승용차에 대해 '업무전용자동차보험'을 꼭 가입해야 함. 1대만 운용한다면 가입하지 않아도 무방함.

  ④ 차량운행일지를 작성하였는가?

  차량운행일지를 작성하지 않으면 1,500만원 한도 내에서 경비처리 가능함.

  ⑤ 구매(할부 포함)·리스·렌트 중 어디에 해당하는가?

  감가상각비를 경비처리함에 있어서 리스·렌트의 경우에도 임차료의 일정 비율만큼 감가상각비로 간주하여 연 8백만원 한도 금액 내에서 경비처리 가능함.

Chapter 4

타인 명의 카드로 결제된 비용도
경비처리가 될까?

약국장 또는 근무약사의 개인 명의 카드를
사용하는 경우 사업을 위한 지출임을 입증 시
개인 명의 카드에서 지출된 비용들도 경비처리가 가능

사업을 하다 보면 부득이하게 사업용 카드가 아닌 약국장 또는 근무약사
의 개인 명의 카드를 사용하는 경우가 발생한다. 다행히 사업을 위한 지출

임을 입증할 수 있다면 타인 명의 카드에서 지출된 비용들도 경비처리가 가능하다.

1 타인 명의 카드로 지출된 비용을 경비처리 하기 위한 조건

타인 명의 카드로 지출된 비용들을 경비처리 하기 위한 조건은 다음과 같다.
① 적격증빙 수취 및 보관 필요
② 차후 발생할 세무서 소명요구에 대응하기 위해 증빙자료 구비 필요
③ 세무사무실에서 수기로 전표입력 할 수 있도록 정확한 정보전달 필요

가족 명의의 카드를 통해 지출하였든, 직원 명의의 카드를 통해 지출하였든, 적격증빙을 수취하였고 또 사업과 관련된 지출임을 입증할 수만 있다면 소득세법상 비용으로 인정받을 수 있다. 다만 그 금액이 크면 클수록 세무서에서는 사업자 카드로 지출하지 않고 개인카드 혹은 타인 명의의 카드를 통해 결제한 이유에 대해 소명자료를 요청할 수 있다. 만일 이 과정에서 업무관련성이 부인된다면, 약국장은 거액의 세부담을 떠안게 된다. 그러므로 비용처리는 가급적 사업용 카드를 통해 지출하는 것이 좋다.

[회계·세무 토막상식 - "적격증빙"이란?]

소득세법상 적격증빙이란, 세법에 의해 인정되는 정당한 증빙서류를 의미한다. 이 증빙서류는 비용이나 지출의 발생 사실을 입증하기 위해 필요하며, 세무상 필요경비 또는 소득공제를 적용받기 위해 제출해야 하는 문서이다. 적격증빙에는 세금계산서, 계산서, 현금영수증, 신용카드매출전표가 포함된다.

적격증빙자료 수취의무가 존재하는 거래에 대해 적격증빙 이외의 증빙자료(자필

로 기재된 수기 영수증 등)를 수취한 경우, 증빙불비가산세가 적용되거나 비용으로 아예 인정받지 못하는 경우가 생긴다. 해당 적격증빙은 5년간 보관해야 하며, 전자적 방식으로 보관 가능하다.

또한 타인 명의 카드 혹은 홈택스에 등록되지 않은 개인 명의 카드로 지출되는 결제내역은 홈택스에 따로 집계되는 것이 아니므로, 세무사무실에서 약국장으로부터 정보를 전달받아 이를 수기로 한땀한땀 전표를 입력해야 한다. 아무래도 모든 절차가 수기로 이루어지다 보니, 이런 건수가 많아질수록 약국과 세무사무실이 소통하는 과정에서 어느 한쪽이 실수로 신고를 누락할 가능성이 높아질 수밖에 없다. 그러므로 부득이하게 타인 명의의 카드를 통해 지출하였다면, 카드전표 외에도 세금계산서를 사업자 명의로 발급받아 두는 것이 비용처리의 완전성을 위해서는 최선책이라 할 수 있다.

2 타인 명의 카드 사용 시 연말정산에서 유의할 점

- 타인 명의 카드 사용내역은 추후 해당 타인의 연말정산 제출자료에서 제외되어야 함.
- 약국장의 본인 카드만으로 지출비용을 관리할 시 얻게 될 효익은 다음과 같음.
  ① 개인카드 사용 관리 업무에 투입되는 비용 감소
  ② 사업 지출 내역 파악 용이

사업을 위해 부득이하게 지출한 타인 명의 카드 사용내역은 그 해당 타인의 연말정산에도 영향을 미친다. 예를 들어 약국장이 근무약사의 카드나 배우자의 카드를 사업에 지출하였을 시, 그 근무약사 또는 배우자의 연말정산에 영향을 미친다는 의미이다. 연말정산은, 한 해 동안 벌어들인 근로소득에서 한 해 동안 소비한 금액을 공제하여 근로소득세를 재조정하는 절차이다. 이때 카드 사용금액도 공제하게 되는데, 근무약사가 본인 명의 카드로 약국의 비용을 지출한 내역은 근무약사 본인의 소비로 볼 수 없기 때문에 연말정산에서 제외되어야 한다. 하나의 비용 지출에 대해 양쪽 모두에게 세금감면 혜택을 주지는 않는다는 의미이다.

따라서 세무대리인에게 연말정산 자료를 국세청에서 다운받아 제출할 때에 신용카드 등 사용 내역에서 약국사업에 전용된 지출 내역은 제외하고 제출해야 한다. 직원 입장에서 그 내역을 하나하나 살펴서 전달하는 것도 번거로운 업무이며, 연말정산 작업을 실제로 진행하는 사람 입장에서도 전달받은 내용을 유의하여 신고를 진행해야 하는 수고로움이 발생한다.

그러므로 아래와 같은 이유로, 약국장은 본인 명의의 사업자카드로 지출하는 것이 권고된다.

1) 개인카드 사용 관리 업무에 투입되는 비용 감소

근무약사가 약국운영을 위해 개인카드를 사용하는 경우 여러 가지 수기로 관리해야 할 업무가 파생된다. 이를 방지하기 위해 약국장 본인 명의의 사업자카드로 비용을 지출한다면, 이러한 파생업무들을 진행하지 않아도 된다는 장점이 있다.

2) 사업 지출 내역 파악 용이

사업자카드로 비용을 지출한다면 한눈에 회사의 모든 지출 내역을 파악할 수 있기 때문에 보다 편리한 비용 관리가 가능하다.

[질문사항] 가족 명의 카드로 의약품 결제하는 것도 비용처리가 되나요? 포인트 많이 나오는 카드가 발급이 추가로 안되어서 부득이하게 가족카드로 결제했네요.

[답변] 의약품 구매하신 후 약국 사업자등록번호로 세금계산서를 받으신다면 가족 명의 카드 결제하셔도 비용처리 가능합니다. 단, 결제만 가족카드로 처리하고 실제 대금은 약국장님에게서 지출되어야만 실질적으로 약사님이 지출하신 비용으로 인정받을 수 있습니다. 그러므로 동 금액만큼 따로 가족분에게 이체하시고, 이에 대해 이체내역 등 증빙을 잘 보관하시기 바랍니다.

[질문사항] 제 카드로 주유비 쓰면 차 명의가 제가 아닌 타인이더라도 경비처리 되나요?

[답변] 원칙적으로는 해당 차 명의가 약국장님이 아니더라도 업무용으로 사용했다는 증빙이 구비되어 있을 시 경비처리 가능하나, 이를 세무서에게 입증하기란 현실적으로 매우 어렵습니다. 따라서 타인 명의 차량에 대한 경비처리는 안되고 있는 것이 일반적입니다.

- 사업을 위한 지출임을 입증할 수 있다면 타인 명의 카드에서 지출된 비용들도 경비처리가 가능하다.

- 타인 명의 카드로 지출된 비용들을 경비처리하기 위한 조건은 다음과 같다.
  ① 적격증빙(세금계산서 등) 수취 및 보관 필요
  ② 차후 발생할 세무서 소명요구에 대응하기 위해 증빙자료 구비 필요
  ③ 세무사무실에서 수기로 전표입력 할 수 있도록 정확한 정보전달 필요

- 만일 타인 명의 카드를 약국의 비용으로 처리했다면, 해당 타인의 연말정산에 영향을 미친다.

- 연말정산 과정에서 카드사용금액을 공제하는데, 이때 타인 명의 카드로 지출되었으나 약국 경비로 인정받은 부분만큼은 제외하고 신고되어야 한다.

- 따라서 다음과 같은 사유로, 약국장은 본인 명의의 사업자카드로 약국경비를 지출하고, 해당 경비에 대해서만 비용처리 하는 것이 권고된다.
  ① 개인카드 사용 관리 업무에 투입되는 비용 감소
  ② 사업 지출 내역 파악 용이

약국의 세금을 줄이는 소득공제

　세법개정 등을 통하여 비용에 대한 규제가 점점 늘어나고 있는 상황 속에서, 약국장들은 더욱 경비를 철저히 모으고 공제 및 절세 상품에 관심을 가질 필요가 있다. 따라서 약국의 효과적 운영을 위해 소득공제 항목을 눈여겨봐야 하는데, 우선 종합소득세 신고 시 소득공제 항목 중 하나인 인적공제에 대해 알아보자.

1 인적공제

사람에 대한 공제로 일정 요건에 따라
과세소득 및 과세표준 감소 효과
* 기본공제 및 추가공제로 구분

인적공제란 사람에 대한 공제로 일정 요건에 따라 과세소득을 줄여주어 과세표준을 감소시키며, 기본공제와 추가공제로 구분한다.

1) 기본공제

본인과 배우자, 부양가족으로 구성된 인적공제 중 기본공제 대상자는 일정 요건을 갖추면 1인당 150만원을 소득금액에서 공제한다.

> • 기본공제 대상자에 포함되기 위한 조건(인당 150만원)
> ① 연간소득금액 100만원 이하(근로소득일 시 500만원 이하)이어야 함.
> ② 직계비속(자녀)의 경우 만 20세 이하이어야 함.
> ③ 직계존속(부모)의 경우 만 60세 이상, 생계(거주지)를 같이해야 함.
> ④ 형제자매의 경우 만 20세 이하 또는 만 60세 이상이어야 함.

본인을 제외한 기본공제 대상자는 연간소득금액이 반드시 100만원 이하이어야 한다. 연간소득금액(근로소득뿐만 아니라 사업소득 등의 종합소득금액, 양도소득금액, 퇴직소득금액을 모두 합한 금액)이 100만원 이하이어야 한다. 단, 근로소득만 있을 경우 총급여액이 500만원 이하라면 가능하다.

인적공제 요건은 본인뿐만 아니라 배우자의 직계존속과 형제자매도 적용할 수 있으므로, 요건을 충족한다면 기본공제 대상자로 올릴 수 있다. 각 직계존속, 직계비속, 형제자매 및 기초생활수급자의 적용 요건에 대해서는 아래 설명과 표를 참고하면 된다.

직계비속은 학업, 취업 등의 이유로 어디에서 거주하든 부모와 생계를 같이하는 것으로 보고, 만 20세 이하에 연간소득금액이 100만원 이하일 경우 공제할 수 있다. 직계존속은 만 60세 이상, 연간소득금액 100만원 이하에, 소득자와 생계를 같이 할 때 공제할 수 있다. 생계 거주가 달라도, 거주자가 실제로 직계존속을 부양하고 있다면 공제를 인정한다.

형제자매는 만 20세 이하 또는 만 60세 이상, 연간소득금액이 100만원 이하이고, 주민등록표상 동거 가족이어야 한다. 기초생활보장수급자는 소득요건만 갖추면 되고, 위탁 아동은 만 18세 미만이면 기본공제 대상자이다

〈인적공제-기본공제〉

공제금액 1인당: 150만원

본인과의 관계	소득 요건	연령 요건	생계 요건
본인	X	X	X
배우자		X	X
직계비속		만 20세 이하	X
직계존속	연간 소득금액 100만원 이하	만 60세 이상	-주민등록표상 동거가족 -주거 형편상 별거 인정
형제자매		만 20세 이하 또는 만 60세 이상	-주민등록표상 동거가족
기초생활보장 수급자		X	
위탁 아동		만 18세 미만	

※ 연간소득금액 100만원 이하: 근로소득뿐만 아니라 사업소득 등의 종합소득금액, 양도소득금액, 퇴직소득금액을 모두 합산한 금액

2) 추가공제

추가공제의 경우에는 본인의 기본공제 대상자에 한하며, 기본공제 외의 요건에 따라 추가적으로 금액을 공제해준다. 따라서 기본공제 요건이 충족되지 않으면, 추가공제도 받을 수 없다.

① 경로우대자 공제: 본인, 배우자, 부양가족이 만 70세 이상일 때 1인당 100만원을 추가로 공제한다.

② 장애인 공제: 나이 상관없이, 1인당 200만원의 장애인 공제가 가능하다.

③ 부녀자 공제: 당해 거주자 본인이 종합소득금액이 3천만원 이하이고, 배우자가 있는 여성이거나 부양가족이 있으나 배우자가 없는 여성이라면 50만원의 부녀자 공제가 가능하다.

④ 한부모소득공제: 배우자가 없는 거주자로서 기본공제 대상자인 직계비속 또는 입양자가 있는 경우 100만원의 한부모소득공제가 가능하다. 부녀자 공제와 중복적용할 수 없으며, 이 경우 공제액이 많은 한부모공제로 적용된다.

〈인적공제-추가공제〉

기본공제 대상자에 한해 추가공제

항목	공제 요건	공제 금액
경로우대자 공제	만 70세 이상	1인당 100만원
장애인 공제	장애인인 경우	1인당 200만원
부녀자 공제	-당해 거주자 본인(종합소득금액 3천만원 이하) -배우자가 있는 여성 -배우자가 없는 여성으로 부양가족이 있는 세대주	50만원
한부모소득공제	배우자가 없는 거주자로서 기본공제 대상자인 직계비속 또는 입양자가 있는 경우	100만원 ※ 부녀자 공제와 중복 적용배제

2 연금보험료공제와 노란우산 소득공제

소득공제 중 사람에 대한 공제가 아닌 것으로는, 노란우산공제와 연금보험료공제 등이 있다.

> **『 연금보험료 공제란? 』**
>
> 약국장이 국민연금에 부담한 연금보험료를
> 약국장의 종합소득금액에서 공제해주는 제도
>
> 이 경우에는, 약국장의 연금보험료 납부액을 필요경비로 처리 ×

연금보험료공제는 약국장이 국민연금에 부담한 연금보험료를 약국장의 종합소득금액에서 공제해주는 제도를 의미한다. 이 경우에는, 약국장의 연금보험료 납부액을 필요경비로 처리하지 않아야 한다. 만일 필요경비로도 처리하고 소득공제로도 처리한다면, 이중으로 소득금액을 낮추는 것이 되어 추후 세무서에서 수정신고요청이 있을 수 있다.

『 노란우산 공제란? 』

사업주의 퇴직금(목돈마련)을 위한 공제 제도
매달 일정금액을 납입함으로써 자영업자들의 폐업시기에
재기를 위한 자금을 미리 평소에 준비하게 하는 제도

노란우산공제는 사업주의 퇴직금(목돈마련)을 위한 공제제도로서, 매달 적금처럼 일정금액을 납입함으로써 자영업자들의 폐업시기에 재기를 위한 자금을 미리 평소에 준비하게 하는 제도이다. 즉, 이는 근로자들의 퇴직금제도와 유사하며, 약국을 포함한 자영업자들의 최소한의 미래보장을 위해 마련된 제도이다.

노란우산공제 가입 기준은 업종에 따라 소기업, 소상공인의 범위가 달라진다. 약국의 경우에는 연평균 매출액이 50억원 이상이거나 상시근로자가 10인 이상이면 가입할 수 없다. 노란우산공제 가입 시, 월별로 최소 5만원에서 100만원 사이를 납부해야 하며, 혜택은 다음과 같다.

1) 매년 일정 금액까지의 소득공제가 가능하다. 사업소득금액에 따라 최대 600만원의 소득공제 혜택을 받을 수 있으며, 그 상세 내역은 아래와 같다.

   ① 사업소득금액이 4천만원 이하인 경우: 최대 600만원

   ② 해당 과세연도의 사업소득금액이 4천만원 초과 6천만원 이하인 경우: 최대 500만원

   ③ 해당 과세연도의 사업소득금액이 6천만원 초과 1억원 이하인 경우: 최대 400만원

   ④ 해당 과세연도의 사업소득금액이 1억원 초과인 경우: 최대 200만원

2) 납부금액은 연 복리이자가 적용되어 이자혜택을 받을 수 있으며, 운용수익에 따라 부가공제금액이 지급되기 때문에 폐업 시 목돈으로 돌려받을 수 있다.

3) 법률에 의거하여 노란우산공제 납입금액 전액은 압류가 금지되어 있어 폐업 등의 경우에도 생활자금과 사업 재기를 위한 자금으로 활용할 수 있어 안전하다.

4) 중소기업중앙회가 보험료를 부담하는 사업장 상해보험 무료가입이 되어 상해로 인한 사망 및 후유장해 발생 시 2년간 최고 월부금액의 150배까지 보험금이 지급된다.

5) 납부 기간이 12개월 이상이면 무담보, 무보증으로 저리 대출이 가능하다(3.9%).

- 약국장에게 적용될 수 있는 소득공제 항목 중 대표적인 것은 인적공제와 연금 보험료공제, 노란우산 소득공제를 들 수 있다.

- 인적공제란 사람에 대한 공제로 일정 요건에 따라 과세소득을 줄여주어 과세 표준을 감소시키며 기본공제와 추가공제로 구분한다.

- 기본공제 대상자에 포함되기 위한 조건(인당 150만원)은 아래와 같다.
  ① 연간소득금액 100만원 이하(근로소득일 시 500만원 이하)이어야 함.
  ② 직계비속(자녀)의 경우 만 20세 이하이어야 함.
  ③ 직계존속(부모)의 경우 만 60세 이상, 생계(거주지)를 같이해야 함.
  ④ 형제자매의 경우 만 20세 이하 또는 만 60세 이상이어야 함.

- 추가공제의 경우에는 본인의 기본공제 대상자에 한하며, 기본공제 외의 요건 에 따라 추가적으로 금액을 공제해준다. 따라서 기본공제 요건이 충족되지 않 으면, 추가공제도 받을 수 없다.
  ① 경로우대자 공제: 만 70세 이상일 때 1인당 100만원을 추가공제
  ② 장애인 공제: 나이 상관없이, 1인낭 200만원의 추가공제
  ③ 부녀자 공제: 본인이 종합소득금액이 3천만원 이하이고, 배우자가 있는 여성이거나 부양가족이 있으나 배우자가 없는 여성이라면 50만원 추가 공제
  ④ 한부모소득공제: 배우자가 없으며 기본공제 대상자인 직계비속(자녀) 또 는 입양자가 있는 경우 100만원 추가공제. 부녀자 공제와 중복적용 불가

- 연금보험료공제는 약국장이 부담한 연금보험료를 종합소득금액에서 공제해주 는 제도를 의미한다.

- 노란우산공제는 한 개인사업자의 목돈마련을 위한 공제제도로서, 매달 적금처 럼 일정금액을 납입할 시 사업소득금액에 따라 최대 6백만원을 공제받을 수 있다.
  ※ 단, 연 평균매출액이 50억원 이상이거나 상시근로자가 10인 이상일 시 가입불가

약국의 세금을 줄이는 세액감면 및 세액공제

　약국별 규모에 따라 조금씩 차이는 있지만, 대부분의 약국들은 공통적인 세액공제 및 감면이 적용되고 있다. 중소기업특별세액감면과 상시근로자의 고용증대와 관련된 통합고용세액공제이 바로 그것이다.

1 중소기업특별세액감면

세법에서는 몇 가지 감면대상 업종을 경영하는 중소기업에 대해 사업장의 위치에 따라 일정 비율의 세액을 감면해주고 있다. 다만 중소기업 안에서도 중기업과 소기업을 나누어 구분을 두고 있는데, 그 기준으로 각 업종별 매출액 규모를 법에서 정하고 있다.

약국의 경우 도매 및 소매업에 해당하므로, 도매 및 소매업에서 발생한 당해연도 매출액이 50억원을 초과할 시 중기업에 해당한다. 그러므로 문전약국이나 일부 대형약국을 제외하면, 대부분의 약국은 소기업에 해당한다고 보면 된다. 참고로 중기업은 매출액 1,000억원 이하까지를 포괄하고 있다. 2023년에 확인된 단일 약국의 최다 매출액이 810억원인 것을 볼 때, 현재까지는 대한민국의 모든 약국이 중기업 혹은 소기업으로 분류될 수 있다.

또한 사업장의 위치가 수도권에 속할 경우와 그렇지 않은 경우에 따라서 감면 적용 여부가 달라진다. 수도권이라 함은 서울특별시와 인천광역시, 경기도를 포함한 범위이며, 중기업의 경우에는 사업장 소재지가 수도권 여부에 따라 감면 적용이 달라진다. 소기업의 경우에는 소재지와 상관없이 10% 감면을 적용받을 수 있다.

약국의 구분과 사업장 소재지의 위치에 따라 감면 적용률이 어떻게 달라지는지 살펴보면 아래와 같다.

구분	사업장 소재지	감면 적용률
소기업 해당(매출액 50억원 이하)	수도권	10% 감면 적용
	수도권 외	10% 감면 적용
중기업 해당(매출액 50억원 초과)	수도권	-
	수도권 외	5% 감면 적용

2 통합고용세액공제

 약국에서 상시 근로하는 직원의 고용이 증가하는 경우
일정 소득세액을 공제해주는 제도를 의미

상시근로자란? 근로기준법에 따라 근로계약을 체결한
내국인 근로자

통합고용세액공제란, 약국에서 상시 근로하는 직원의 고용이 증가하는 경우 일정 소득세액을 공제해주는 제도를 의미한다. 과거에는 고용증대세액공제, 사회보험료 세액공제 등 여러 항목으로 분산되어 있던 세액공제제도를 2023년 1월 1일부터 통합고용세액공제로 일원화하였다.

약국이 통합고용세액공제를 적용받기 위해서는 해당 과세연도의 상시근로자의 수가 직전 과세연도의 상시근로자의 수보다 증가해야 한다. 다만 여기서 상시근로자라 함은 다음의 정의를 참조해야 한다.

상시근로자는 근로기준법에 따라 근로계약을 체결한 내국인 근로자 중 다음의 어느 하나에 해당하는 사람을 제외한 자를 말한다(시행령 제23조 제10항).

① 근로계약기간이 1년 미만인 근로자. 다만, 근로계약의 연속된 갱신으로 인하여 그 근로계약의 총 기간이 1년 이상인 근로자는 제외함.

② 근로기준법 제2조 제1항 제9호에 따른 단시간근로자. 다만, 1개월간의 소정근로시간이 60시간 이상인 근로자는 상시근로자로 봄.

③ 법인세법 시행령 제40조 제1항 각 호의 어느 하나에 해당하는 임원

④ 해당 기업의 최대주주 또는 최대출자자(개인사업자의 경우에는 대표자를 말함)와 그 배우자

⑤ "④"에 해당하는 자의 직계존비속(그 배우자를 포함) 및 국세기본법 시행령 제1조의2 제1항에 따른 친족관계인 사람

국세청이 타깃으로 하는 '전문가의 조언을 받고 공격적이고 지능적인 절세방법을 찾아 시도하는 그룹'은 당연히 경제적 여유가 있는 대기업이나 고액 자산가들일 가능성이 높습니다. 이들이 고민하는 쟁점에 대한 세금은 워낙 크기 때문에 법의 테두리 안에서 또는 탈세의 경계에서 다양하고 공격적인 시도를 합니다.

이러한 시도를 한 대기업 또는 자산가들의 세금을 추징했을 때는 세무조사에 대한 사회적 명분도 있고 국민들에게 성실납세 경각심을 주는 것을 불론, 세금 추징 가성비까지 뛰어나기 때문에 조시대상에서 자산가가 빠질 수 없는 것입니다.

• 상속설계가 잘 돼 있어도 자산가의 세무조사는 막지 못한다.

상속세 및 증여세에 대한 사전 계획, 즉 상속설계의 중요성은 아무리 강조해도 지나치지 않습니다. 합법적인 절세 방안을 모색하고, 가족 간의 분쟁을 예방하며, 재산 승계의 효율성을 높이는 데 상속설계는 필수적인 과정입니다. 하지만, 아무리 완벽하게 설계된 상속이라 할지라도, 그것이 세무조사로부터의 '면죄부'가 되지는 못합니다.

⑥ 소득세법 시행령 제196조에 따른 근로소득원천징수부에 의하여 근로소득세를 원천징수한 사실이 확인되지 아니하고, 다음의 어느 하나에 해당하는 금액의 납부사실도 확인되지 아니하는 자

　가. 국민연금법 제3조 제1항 제11호 및 제12호에 따른 부담금 및 기여금

　나. 국민건강보험법 제69조에 따른 직장가입자의 보험료

관련 실무 사례 1

[질문사항] 일용직으로 근무약사를 1인 고용하려고 합니다. 이 경우 제(약국장)가 세액공제 효과를 볼 수 있나요?

[답변] 아니요, 일용직 근로자의 경우에는 통합고용세액공제 대상에 포함되지 않습니다. 따라서 인원을 고용하셔도 세액공제로 인한 절세 효과는 보실 수 없습니다.

관련 실무 사례 2

[질문사항] 저희 약국에서 파트로 근무하시는 약사님이, 다른 약국에서도 다음 달부터 일하게 되신다고 합니다. 이럴 경우 이 약사님에 대한 세액공제는 어느 약국이 받게 되나요?

[답변] 세법에서 인정하는 요건을 모두 만족한다면, 두 약국 모두에서 세액공제 효과를 받을 수 있습니다. 다만 파트로 일하시는 약사님의 경우에는 풀타임 약사님들 대비 근무시간이 적을 수밖에 없어서, 통합고용세액공제에서 상시근로자를 계산할 때에 1명이 아닌 0.5명으로 인정받게 됩니다. 따라서 1명의 고용증가분만큼 두 약국이 모두 절세 효과가 생기지는 않고, 통상적으로는 0.5명의 고용증가분만큼 두 약국에 절세 효과가 발생합니다.

상시근로자 수가 증가할 경우, 다음의 표에 따라 공제금액을 계산한다. 여기서 상시근로자 중에서도 청년·장애인·60세 이상·경력단절여성의 정의를 충족하는 근로자에 대해서는 보다 우대하여 세액공제를 적용받는다.

구분		세액공제액
청년·장애인·60세 이상·경력단절여성	수도권	1,450만원
	수도권 외	1,550만원
그 외 상시근로자	수도권	850만원
	수도권 외	950만원

≫ 청년·장애인·60세 이상·경력단절여성의 정의

① 15세 이상 34세 이하인 사람 중 다음의 어느 하나에 해당하는 사람을 제외한 사람. 다만, 해당 근로자가 시행령 제27조 제1항 제1호 각 목의 어느 하나에 해당하는 병역을 이행한 경우에는 6년을 한도로 병역을 이행한 기간을 현재 연령에서 빼고 계산한 연령이 34세 이하인 사람을 포함함.

    가. 기간제 및 단시간근로자 보호 등에 관한 법률에 따른 기간제근로자 및 단시간근로자

    나. 파견근로자보호 등에 관한 법률에 따른 파견근로자

    다. 청소년 보호법에 따른 청소년유해업소에 근무하는 같은 법에 따른 청소년

② 장애인복지법의 적용을 받는 장애인, 국가유공자 등 예우 및 지원에 관한 법률에 따른 상이자, 5·18민주유공자예우 및 단체설립에 관한 법률 제4조 제2호에 따른 5·18민주화운동부상자와 고엽제후유의증 등 환자지원 및 단체설립에 관한 법률에 따른 고엽제후유의증환자로서 장애등급 판정을 받은 사람

③ 근로계약 체결일 현재 연령이 60세 이상인 사람

④ 조세특례제한법 제29조의3 제1항에 따른 경력단절여성

   통합고용세액공제는, 신청연도로부터 2년 뒤 과세연도까지(총 3개년도) 세액공제를 신청할 수 있다. 다만, 총 3개년도까지 세액공제를 모두 신청하기 위해서는, 최초 신청연도보다 상시근로자 수가 감소하지 않아야 한다. 상시근로자 수가 최초 신청연도보다 감소하게 된다면, 그 최초 신청연도에 공제받았던 세액의 일부를 다시 소득세로 납부해야 한다. 고용창출을

독려하기 위해 세액공제 제도를 만들었으므로, 고용창출 효과가 다시 0으로 돌아간다면 과거에 공제받은 세액공제액 역시 모두 추징한다는 내용으로 이해할 수 있다.

관련 실무 사례

[질문사항] 작년 대비 올해 고용이 줄어들었는데, 이럴 때 제가 신경써야 할 사항이 있나요?

[답변] 만일 작년에 고용증대로 인해 세액공제를 받으셨다면, 과거에 세액공제 신청분에서 일부만큼 올해의 세금납부액이 증가하게 됩니다. 증가하는 납부금액에 대한 계산내용은, 연도별 근로자의 증가·감소 인원수와 근로자의 나이(청년·비청년) 여부에 따라 달라지게 됩니다.

- 대부분의 약국들은 중소기업특별세액감면과 통합고용세액공제가 적용 가능하다.
- 세법에서는 특정 업종을 경영하는 중소기업(개인사업자)에 대해 세액감면혜택을 제공하고 있으며, 이를 중소기업특별세액감면이라 한다.
  ① 약국의 경우, 매출액 규모가 50억원을 초과하는지에 따라 감면율이 달라진다(0%, 10%).
  ② 사업장이 수도권이냐, 수도권 외에 소재하느냐에 따라 감면율이 달라진다(0%, 5%, 10%).
- 통합고용세액공제란, 약국에서 상시 근로하는 직원의 고용이 증가하는 경우 일정 소득세액을 공제해주는 제도를 의미한다.
  ① 약국이 통합고용세액공제를 적용받기 위해서는 해당 과세연도의 상시근로자의 수가 직전 과세연도의 상시근로자의 수보다 증가해야 한다.
  ② 상시근로자는 소득세법에서 상세히 정의되어 있으며, 대표적인 요건은 다음과 같다.
    Ⓐ 근로계약기간이 1년 이상일 것
    Ⓑ 통상의 근로자 대비 근로시간이 적은 단시간 근로자가 아닐 것. 다만 단시간 근로자라 하더라도, 1개월 내 소정근로시간 60시간 이상일 시 상시근로자에 포함됨(0.5명 또는 0.75명).
    Ⓒ 특수관계자(친족)가 아닐 것
  ③ 상시근로자 수가 증가할 경우, 다음의 표에 따라 세액공제액이 계산된다.

구분		세액공제액
청년·장애인·60세 이상·경력단절여성	수도권	1,450만원
	수도권 외	1,550만원
그 외 상시근로자	수도권	850만원
	수도권 외	950만원

- 통합고용세액공제는 신청연도로부터 2년 뒤 과세연도까지 세액공제를 신청할 수 있으나, 만일 상시근로자가 최초 신청연도 대비 감소할 경우 과거에 공제받았던 세액의 일부를 추가로 납부해야 한다.

Chapter

7

성실신고 확인제도

　성실신고 확인제도란 해당 과세기간의 수입금액의 합계액이 일정금액 이상인 사업자에 대해 종합소득 과세표준 확정신고 시 세무대리인(회계사, 세무사)이 장부기장 내용의 정확성 여부를 확인하고 작성한 성실신고확인 서를 제출하도록 함으로써 개인사업자의 소득세 성실신고를 유도하고자 하는 제도이다.

1 성실신고 확인대상 사업자의 요건

성실신고 확인대상 사업자는 각 업종별 매출규모에 따라 달라지는데, 약국은 매출액이 15억원 이상일 경우 성실신고 확인대상 사업자로 지정된다.

▶▶ 업종별 성실신고 확인대상 사업자 기준 매출액

업종	매출액
농업, 도소매업 등	15억원 이상
제조업, 숙박 및 음식점업 등	7.5억원 이상
부동산임대업, 서비스업 등	5억원 이상

다만 약국들 중에서는, 약국을 운영하면서 동시에 부동산임대사업을 같이 영위하는 곳도 있다. 이런 경우처럼 2개 이상의 업종을 영위하는 경우에는 주업종을 기준으로 부수업종의 매출을 환산하여 성실신고 확인대상자 여부를 판단한다. 예를 들어, 약국이 주업이고 부동산임대업이 부수업종이라면 위 공식에 따라서 산출된 금액이 15억원이 넘는지 여부에 따라 판단한다.

약국의 수입금액 + 부동산임대업의 수입금액 × 15억원 ÷ 5억원

2 성실신고 확인대상 사업자의 의무사항

성실신고 확인대상 사업자로 지정된 약국은, 종합소득 과세표준 확정신고를 할 때 사업소득의 적정성을 세무사, 회계사, 세무법인, 또는 회계법인이 확인하고 작성한 확인서를 납세지 관할 세무서장에게 제출하여야 한다. 성실신고확인서의 양식은 법적 서식으로 정해져 있으며, 만일 이 확인서 없이 세무신고를 할 경우 가산세(산출세액의 5%)를 추가로 내고, 세무조사

대상으로 선정될 수 있다.

성실신고 확인대상으로 선정된 약국은, 세무사나 회계사로부터 아래 대상들에 대해 철저하게 검증을 거치게 된다. 아래처럼 꼼꼼한 검증을 거치게 되면, 아무래도 성실신고 확인대상이 아닌 경우보다 더 많은 세금을 내게 되는 경우가 많다.

1) 가공경비

① 지출비용에 대한 적격증빙을 제대로 수취했는지 검토한다.

② 3만원 초과 거래 중 적격증빙 영수증이 없는 비용의 명세와 미수취 사유를 소명해야 한다.

③ 장부상 거래금액과 적격증빙 금액의 일치 여부를 검토한다.

2) 업무무관경비

① 배우자와 직계존비속에게 지급한 인건비가 있는 경우 실제 근무를 확인한다.

② 유학이나 군 복무 중인 자 등에 대한 인건비가 계상된 것은 아닌지 검토한다.

③ 아르바이트, 일용직 등의 가공 인건비로 계상된 게 있는지 검토한다.

3) 복리후생비

접대성 경비 또는 가족이나 개인지출 경비 등을 복리후생비로 계상하였는지 검토한다.

4) 기업업무추진비와 여비교통비

지출내용, 목적, 장소 등을 검토하여 개인적 경비임에도 이를 사업적 경비로 계상한 것이 있는지 검토한다.

5) 차량유지비

업무용 차량 보유현황, 용도 등을 검토하여 가정용 차량 유지 관리비 등 업무무관경비를 사업적 경비로 등록한 것이 없는지 검토한다.

3 성실신고 확인대상 사업자의 이점

지금까지는 성실신고 확인대상 사업자가 겪게 될 부담에 대해 주로 설명 하였으나, 장점이 아예 없는 것은 아니다. 성실신고확인서를 제출할 경우 의 혜택은 다음과 같다.

1) 신고기한

종합소득세 신고기한이 1개월 연장된다. 일반 개인사업자의 경우에는 5월 31일까지이나, 성실신고 확인대상자의 경우 6월 말까지 신고·납부 할 수 있다.

2) 의료비, 교육비, 월세 세액공제

일반 개인사업자의 경우에는 의료비, 교육비, 월세를 세액공제 받을 수 없으나, 성실신고 확인대상자의 경우에는 교육비와 의료비, 월세에 대해 세액공제를 적용할 수 있다. 의료비와 교육비 세액공제는 지출금의 100분 의 15만큼을 종합소득산출세액에서 공제받을 수 있으며, 월세 세액공제는 연 750만원 한도 내에서 지출금을 소득세에서 공제 가능하다.

3) 성실신고 세액공제

성실신고 확인에 직접 사용한 비용의 60%가 연 120만원 한도로 세액공제가 가능하다.

※ 성실신고 확인수수료가 발생하는 이유?

성실신고 확인대상 사업자가 법적 요구사항에 따라 세금신고를 정확히 할 수 있도록 세무대리인에게 지출하는 비용을 말한다. 성실신고 확인대상 사업자의 경우, 세무대리인은 기본적인 신고업무 외에도 장부와 증빙문서를 검토하여 추가적인 자료를 국세청과 세무서에 제출해야 한다. 따라서 성실신고 확인수수료는, 세무대리인이 개인사업자의 신고를 정확하게 하는 데에 들어가는 시간과 노력에 대한 비용이며, 이는 결과적으로 개인사업자의 세법 준수를 보장하고 신고의 정확성을 확보하는 데 목적이 있다.

- 성실신고확인제도란 해당 과세기간의 수입금액의 합계액이 일정금액 이상인 사업자에 대해 소득세 신고 시 세무대리인으로부터 소득세 신고내용이 성실히 작성되었다는 것을 확인받고 성실신고확인서를 제출하도록 하는 제도이다.

- 약국은 매출액이 15억원 이상일 경우 성실신고 확인대상 사업자로 지정된다.

- 다만 약국들 중에서는, 약국을 운영하면서 부동산임대사업을 같이 영위하는 경우에는 주업종(매출이 큰 업종)을 기준으로 부수업종의 매출을 환산하여 성실신고 확인대상자 여부를 판단한다.

- 성실신고확인서의 양식은 법적 서식으로 정해져 있으며, 만일 이 확인서 없이 세무신고를 할 경우 가산세(산출세액의 5%)를 추가로 내고, 세무조사 대상으로 선정될 수 있다.

- 성실신고 확인대상으로 선정된 약국은, 세무사나 회계사로부터 아래 대상들에 대해 철저하게 검증을 거치게 된다.
  ① 가공경비: 적격증빙 영수증이 없는 비용의 명세와 미수취 사유를 소명해야 함.
  ② 업무무관경비: 업무와 무관하게 지급된 경비(인건비 등)가 없는지 검토함.
  ③ 복리후생비: 접대성 경비 또는 사적지출을 복리후생비로 계상하였는지를 검토함.
  ④ 기업업무추진비와 여비교통비: 사적지출을 사업적 경비로 계상하였는지를 검토함.
  ⑤ 차량유지비: 가정용 차량 유지비 등 업무무관경비가 계상되었는지를 검토함.

- 성실신고 확인대상 사업자로 선정될 시, 혜택은 다음과 같다.
  ① 종합소득세 신고기한의 1개월 연장
  ② 의료비, 교육비, 월세 세액공제 적용 가능
  ③ 성실신고 세액공제(연 120만원 한도) 적용 가능

✚ 세무회계지킴

"약국의 시작부터 끝까지, 약사만을 위한 세무서비스"

저희 세무회계지킴은 오직 약국만을 수임하여 1인약국, 문전약국, 매약약국, 조제약국 등 약국의 특성에 따라 1:1 맞춤형 세무 컨설팅을 수행하고 있습니다. 약국의 설립부터 운영, 양도까지 소통이 가능한 세무서비스를 약사님께 제공해 드립니다. 아울러, 인공지능이 도입된 약국 AI 경영관리 어플리케이션 '지킴'을 개발하여, 약사님께서 보다 스마트하게 약국을 운영하실 수 있게 도와드립니다. '지킴' 어플리케이션을 통해, 약사님은 모바일과 PC에서 약국의 매월 손익보고서를 확인하고, 일자별 매출/매입을 확인하고, 근로 직원들의 급여관리 및 급여명세서를 출력할 수 있습니다. 세무회계지킴은 대표 회계사를 포함한 전 구성원이 모두 약사님과 소통하고 있으며, 가장 합리적인 가격에 최상의 서비스를 제공해 드리고 있습니다.

강민우 공인회계사
세무회계지킴 | 대표

경희대 경영학과를 졸업하고 공인회계사에 합격하여 삼일회계법인에서 근무하다 세무회계지킴을 설립하였습니다. 다양한 사업경험을 토대로, 약국뿐 아니라 도매상 등 약국과 관련된 산업 전반에 깊은 이해도를 보유하고 있습니다. 그리하여 세무를 포함한 여러 행정절차 및 약국경영 팁 등 다양하고 실속 있는 상담 서비스를 제공해 드립니다.

신희망 공인회계사
세무회계지킴 | 파트너

고려대 경영학과를 졸업하고 공인회계사에 합격하여 삼일회계법인에서 근무하다 세무회계지킴에 파트너회계사로 합류하였습니다. 약국 AI경영관리 어플리케이션 '지킴'을 개발하였으며, 약사님의 바로 곁에서 보다 스마트한 약국 경영 관리를 제공해 드리고 있습니다.

배성우 변호사, 공인회계사
세무회계지킴 | 파트너

서울대 경영학과를 졸업하고 공인회계사에 합격하여 삼일회계법인에서 근무하였습니다. 이후 서울대 법학전문대학원을 졸업, 현재는 법무법인(유한) 태평양에서 세금 관련 법률 업무를 담당하고 있습니다. 고소득 납세자 세무 자문 및 조사 대응 등 법률 대리 경험을 토대로 약사 생애주기 전체에 걸친 법무/세무 전문성을 보유하고 있습니다.